中国荞麦属植物
彩色图鉴

Color Atlas of *Fagopyrum* in China

周美亮　唐　宇　方　沩　著

科学出版社
北京

内 容 简 介

本书阐述了荞麦属分类地位及中国荞麦属植物种类，涉及中国已发现的荞麦属植物21种，详细介绍了荞麦属各个种的形态特征、生境、分布等信息，并配以植物生境和植株特写的彩色图片，其中对有助于种类鉴定的枝叶、花序、花、果实及根茎等整体和局部特征进行了具体而生动地展示。本书集学术性和实用性于一体，也是对《中国植物志》和《中国高等植物图鉴》相关内容的重要补充。

本书可供从事植物学、农业科学的教学人员、科研人员和产品开发人员参考，也可以作为科研机构科技工作者、高等院校植物分类学等相关专业师生及科研爱好者的工具书。

审图号：GS（2020）4233号

图书在版编目（CIP）数据

中国荞麦属植物彩色图鉴/周美亮，唐宇，方沩著. —北京：科学出版社，2021.3
ISBN 978-7-03-067490-6

Ⅰ. ①中⋯ Ⅱ. ①周⋯ ②唐⋯ ③方⋯ Ⅲ. ①荞麦属–植物–中国–图集 Ⅳ. ① Q949.72-64

中国版本图书馆CIP数据核字（2020）第256695号

责任编辑：陈　新　李　迪　田明霞 / 责任校对：杨　赛
责任印制：肖　兴 / 封面设计：金舵手世纪

科学出版社 出版
北京东黄城根北街16号
邮政编码：100717
http://www.sciencep.com

北京九天鸿程印刷有限责任公司 印刷
科学出版社发行　各地新华书店经销

*

2021年3月第 一 版　开本：720×1000　1/16
2021年3月第一次印刷　印张：8 3/4
字数：171 000
定价：148.00元
（如有印装质量问题，我社负责调换）

作者简介

周美亮 博士毕业于荷兰莱顿大学,现任中国农业科学院作物科学研究所荞麦基因资源创新研究组组长,研究员,博士生导师;兼任中国作物学会常务理事、国际荞麦协会常务理事、《作物杂志》副主编。先后入选第三届中国科协青年人才托举工程、中国农业科学院"农科英才"。从事荞麦属植物资源收集、分类和鉴定评价,荞麦起源驯化,荞麦重要农艺性状形成规律解析和品质抗逆育种研究。先后主持"十三五"国家重点研发计划项目课题、欧盟"地平线2020"计划项目、国家自然科学基金面上项目和国际合作交流项目、澜湄流域亚洲合作专项基金等多项国家级项目和企业横向合作项目。作为第一作者或通信作者在国内外期刊发表学术论文60余篇,其中在 Biotechnology Advances、Genome Biology、New Phytologist、Plant Biotechnology Journal、Plant Physiology 和 Plant Journal 等 SCI 学术期刊上发表论文 40 余篇,主编了荞麦英文著作 Molecular Breeding and Nutritional Aspects of Buckwheat(ELSEVIER,2016)和 Buckwheat Germplasm in the World(ELSEVIER,2018),发现并命名荞麦属新种5个,获得授权国家发明专利4项,选育新品种2个,获得省部级以上奖励2项,2019年获国际荞麦协会授予的杰出青年科学家金孔雀奖。

唐宇 四川旅游学院教授。长期从事荞麦育种、栽培、生理生化及种质资源方面的研究。主持完成国际原子能机构（International Atomic Energy Agency，IAEA）资助的课题"诱发突变改良苦荞"、科技部农业科技成果转化资金项目1项、四川省科技攻关项目1项，以及四川省科技厅、四川省教育厅多项科研重点课题。在国内外学术刊物上发表了中英文论文数十篇，参编了《中国荞麦》《中国小杂粮》《作物育种学》《作物栽培学》等著作或教材。选育出'西荞1号'等苦荞麦新品种多个。获国家级教学成果奖二等奖1项，省级教学成果奖一等奖2项、二等奖1项、三等奖1项；获凉山州科技进步奖一等奖1项、四川省教育厅科技进步奖二等奖1项和四川省科技进步奖三等奖1项。1998年被四川省委、省政府授予"四川省有突出贡献的优秀专家"称号。

方沩 博士毕业于中国农业科学院研究生院，现任中国农业科学院作物科学研究所作物种质资源中心副主任，副研究员，入选中国农业科学院首届"支撑英才"。长期从事种质资源标准规范制定、多样性图谱编制、种质资源共享服务平台建设、作物种质资源信息化等工作。负责国家农作物种质资源平台、国家农作物种质资源野外观测研究圃网和国家作物科学数据中心等多个科技平台的建设和运行。牵头建立国家作物种质资源数据中心。担任国家农作物种质资源科技创新联盟副秘书长，以及《农业大数据学报》《中国科技资源导刊》等刊物编委。主持各类科技项目课题10余项，主编《国家农作物种质资源平台发展报告》，发表论文19篇，取得软件著作权8项，获省部级科技奖励1项。

序

荞麦是蓼科（Polygonaceae）荞麦属（*Fagopyrum*）的一种古老作物，在世界范围内均有种植，尤其在东亚和东欧地区种植广泛。荞麦在我国已有数千年荞麦栽培历史，至今仍是华北、西北、西南，以及一些干旱高寒地区、少数民族聚居区、边远山区不可替代的作物。荞麦营养丰富，富含的芦丁等生物活性成分还具有抗氧化、抗肿瘤的功效，且生育期短，耐冷凉瘠薄，具有较明显的生产优势。

从地理分布来看，以四川、云南、贵州、西藏为主的我国西南地区，是公认的世界荞麦属植物的起源中心、分布中心和多样化中心，荞麦种质资源非常丰富。

作者对地处青藏高原和云贵高原的荞麦属植物进行了详细而广泛的野外考察与采集，摸清了其空间分布，发现了荞麦属新种类，并对我国境内采集到的所有种类进行了科学系统的研究，对同种异名的种类进行了科学归类，在此基础上撰写了《中国荞麦属植物彩色图鉴》。

该书详细描述了我国境内21种荞麦属植物的形态特征、生境及分布等内容，并附有每种植物的生境和全株及各部分的精美彩色图片，内容全面、翔实，有些物种属国内外首次发表。该书展现了我国荞麦属植物绚丽多彩的生物多样性和资源丰富复杂的实况，也是作者在野外不畏艰辛、深入考察和精心拍摄的劳动成果的体现。

该书的出版将对荞麦属植物的分类研究、资源保护、资源利用和遗传育种产生积极的促进作用。

刘旭

中国工程院院士

2020年1月15日

前　言

　　植物遗传资源是我国遗传育种和生物技术研究的重要物质基础，是生物多样性的重要组成部分，是国家可持续发展的战略资源。荞麦是蓼科（Polygonaceae）荞麦属（*Fagopyrum*）一年生或多年生经济作物，我国是世界荞麦属植物起源中心、分布中心和多样化中心，除了有丰富的栽培荞麦资源，还有众多的野生荞麦资源。研究表明，在全世界荞麦属已命名并见报道的植物达 20 余种，这些种类大部分分布于我国的云南、四川、贵州、西藏等地，是研究荞麦属植物分类、进化和起源的重要材料，我国丰富的荞麦资源吸引了世界众多专家前来考察、采集和研究。日本京都大学大西近江（Ohmi Ohnishi）教授等先后于 20 世纪 80 年代末至 21 世纪初对我国云南、四川和西藏的野生荞麦进行过多次考察和采集，发现荞麦新种 8 个，并由此得出结论：位于我国西南的"三江"（金沙江、澜沧江和怒江）地区是栽培荞麦的起源地。近年来，国内外荞麦研究者利用荞麦属植物资源中的野生种与栽培种进行杂交，已成功对甜荞麦的自交可育性进行了改良，获得了结实率较高、产量显著增加的新品种。因此，对荞麦属植物资源进行研究具有重要的理论价值和现实意义。

　　我国境内的荞麦属植物众多。20 世纪 90 年代前发现和定名的有 10 种，至 2017 年，已增加至 28 种。除栽培种外，野生种类广泛分布于我国西南地区的青藏高原和云贵高原海拔 500~3500m 的高山峡谷中，且地理跨度绵延 1500 多千米。研究团队最早从 2004 年起，在国家和省级相关项目的资助下，付出艰辛努力、克服重重困难，在西南地区对荞麦属植物进行了广泛的采集和考察工作，特别是 2016 年以来，连续 5 年在四川、云南和西藏进行了长达几十天的大范围野外考察与标本采集工作，在采集到所有 28 个种类的基础上，在室内进行花和果实的解剖观察，获得了大量的荞麦属植物分类学数据。基于这些数据和荞麦属植物染色体数目分析，经馆藏标本和模式照片的比对，并综合国内外相关文献，对中国荞麦属植物进行了分类学修订，将其中属于同种异名的种类进行归并，归并后的中国荞麦属植物由 28 种变为 21 种。研究团队在考察、采集和系统整理资料的同时，拍摄了大量照片，在此基础上，编撰了本书。

本书阐述了荞麦属分类地位及中国荞麦属植物种类，囊括了中国已发现的荞麦属植物21种，详细介绍了荞麦属各个种的形态特征、生境、分布等信息，并配以植物生境和植株特写的彩色图片，其中对有助于种类鉴定的枝叶、花序、花、果实及根茎等整体和局部特征进行了尽可能的展示，许多资料和图片属首次发表。本书的出版，对研究荞麦属植物分类、进化、起源和资源保护具有重要的参考价值。

中国农业科学院作物科学研究所周美亮研究员为本项目负责人，研究部署了项目的考察、数据和资料分析及书稿撰写的提纲，本书全文由周美亮研究员、四川旅游学院唐宇教授撰稿，唐宇教授拍摄全部照片，方沩博士负责信息采集。四川农业大学邵继荣教授参与了考察、标本采集及资料整理工作。另有中国农业科学院作物科学研究所张凯旋、范昱、程成、丁梦琦和四川农业大学文雯、李志强、邹沉严、黄跃等参与了全部或部分考察、资料搜集整理工作。

在本书即将付梓之际，我们衷心感谢"十三五"国家重点研发计划中国和欧盟政府间合作项目（2017YFE0117600）、国家自然科学基金面上项目（31871536）等项目的支持。感谢刘旭院士为本书提出宝贵意见并欣然作序。感谢日本京都大学Ohmi Ohnishi教授提供模式标本照片和采集地点。感谢曲阜师范大学侯元同教授为本书提出宝贵意见。感谢科学出版社编校人员对书稿的精心编校。

由于著者的知识水平有限，不妥或疏漏之处在所难免，敬请读者批评指正。

著　者

2020年12月

目 录

第一章 荞麦属植物的分类地位及种类划分

第一节 荞麦属植物的分类地位及一般特征 1
    一、荞麦属植物的分类地位 1
    二、荞麦属植物的一般特征 2
第二节 中国荞麦属植物的分类状况 2
    一、中国荞麦属植物种类的划分 2
    二、中国荞麦属植物的种类 4
    三、荞麦属植物的分种检索表 5

第二章 中国荞麦属植物

第一节 多年生荞麦 8
    一、硬枝野荞麦 8
    二、金荞麦 12
    三、抽葶野荞麦 20
    四、海螺沟野荞麦 24
第二节 一年生荞麦 29
    一、齐蕊野荞麦 29
    二、苦荞麦 32
    三、皱叶野荞麦 43
    四、普格野荞麦 47
    五、灌野荞麦 52
    六、细柄野荞麦 56
    七、螺髻山野荞麦 61

八、甜荞麦 ··· 67
九、卵叶野荞麦 ·· 80
十、疏穗野荞麦 ·· 86
十一、心叶野荞麦 ··· 91
十二、线叶野荞麦 ··· 96
十三、金沙野荞麦 ··· 100
十四、小野荞麦 ·· 104
十五、羌彩野荞麦 ··· 109
十六、纤梗野荞麦 ··· 114
十七、理县野荞麦 ··· 118

参考文献 ··· 123
附录　2017～2020年四川、云南、西藏荞麦野外考察队员合影 ······ 125
物种中文名索引 ·· 127
物种拉丁名索引 ·· 128

第一章

荞麦属植物的分类地位及种类划分

第一节 荞麦属植物的分类地位及一般特征

一、荞麦属植物的分类地位

荞麦类植物属于蓼科（Polygonaceae），但荞麦属名的确定经过了多次反复。最早确定荞麦属名的是 Haller（1742），即 *Fagopyrum* Tourn ex Hall。1753 年，Linnaeus（林奈）建立蓼属（*Polygonum* L.）时，把荞麦放于蓼属（*Polygonum* L.）中，不再独立成属。Linnaeus 建立的这个属名来自希腊文，Poly 是多的意思，gonu 表示膝盖，意指蓼属植物节部膨大。1754 年，Miller 重新建立了荞麦属，即 *Fagopyrum* Miller。Moench 于 1756 年亦建立了荞麦属，定名为 *Fagopyrum* Moench。1826 年，Meisner 又把荞麦属归回蓼属中，作为该属的一个组，即荞麦组（*Fagopyrum* Sect. Meisner），但后来他很快又认为 *Fagopyrum* 应作为一个属。此后，对荞麦属的分类地位，众说纷纭，一直没有统一意见。主要有以下几种意见。

第一种：Samuelsson（1929）、Steward（1930）、Komarov（1936）主张将荞麦属归入蓼属（*Polygonum* L.），并作为一个组来处理。

第二种：Graham 和 Wood（1965）、吴征镒（1983）等主张保留广义的蓼属，而荞麦类植物的特征比较明显，应自成一属。

第三种：Small（1903）、Gross（1913）、Hedberg（1946）、Ye 和 Guo（1992）、Ohnishi 和 Matsuoka（1996）、李安仁（1998）则主张把广义的蓼属分成若干个小属，荞麦属是其中的一个小属。

以上不同意见的焦点在于荞麦与广义的蓼属在形态学、孢粉学和细胞学上的差异程度。Graham 认为 *Fagopyrum* 与 *Polygonum* 的区别在于花被不膨大，瘦果明显伸出花被之外或否，胚位于胚乳中，子叶卷曲于胚根的周围，花序或多或少伞房状，是明显的属。Hedberg 对广义蓼属的花粉粒形态进行研究后，将广义的蓼属分为 10 个类型，荞麦的花粉粒具三孔沟，外壁粗糙、呈颗粒状而有别于其他类型。Yukio（1960）根据前人和自己的研究指出，*Polygonum* 的染色体基数是 $n=10$、11、12，而 *Fagopyrum* 的染色体基数则为 $n=8$。近年来，绝大多数学者对荞麦属植物细胞学的研究均证实 *Fagopyrum* 的染色体基数是 8。因此，形态学、孢粉学和细胞学的研究都说明荞麦应该独立成属。而荞麦的属名分别有 *Fagopyrum* Tourn *ex* Hall、*Fagopyrum* Moench、*Fagopyrum* Miller 等，目前，根据《国际植物命名法规》中属的优先律原则，荞麦属的属名是 *Fagopyrum* Miller。

二、荞麦属植物的一般特征

荞麦属植物除具有茎节膨大、单叶互生、叶全缘、有托叶鞘、花两性、花被裂片花瓣状、子房上位、瘦果三棱形这些蓼科重点特征之外，根据形态学、孢粉学和细胞学的研究，还具有以下一般特征。

一年生或多年生草本或半灌木。茎具细沟纹。单叶互生，叶片三角形、箭形、心形、戟形或线形。花梗有或无关节；花序是复合性的，即由多个呈簇状的单歧聚伞花序着生于分枝的或不分枝的花枝上，排成穗状、伞房状或圆锥状；每个单歧聚伞花序簇有 1 朵至多朵花，外面有苞片，每朵花也各有 1 枚膜质小苞片；花两性，花被白色、淡红色或黄绿色，5 深裂，开花后不膨大；雄蕊 8，外轮 5，内轮 3；雌蕊由 3 个心皮组成，子房三棱形，花柱 3 枚。瘦果三棱形，明显伸出宿存花被之外或否，胚位于胚乳中央，子叶宽，折叠状；花粉粒沟槽中有孔，外壁粗糙，呈颗粒状花纹。染色体基数 $n=8$。

第二节　中国荞麦属植物的分类状况

一、中国荞麦属植物种类的划分

由于荞麦属地位的变动，长期以来荞麦属内种类的划分也各不相同。1913年，Gross 在对亚洲蓼科植物进行划分时，把已证实的一些荞麦种类归于蓼科的蓼属，在其中分了 2 个组，把苦荞麦、甜荞麦和金荞麦归入 *Eufagopyrum* 组，而 *F. urophyllum* 和一些非荞麦种类则被划入 *Tiniara* 组。1930 年，Steward 没有将荞麦作为一个独立的属，但他对亚洲蓼科植物进行了较准确的划分，将 10 个荞麦种类归为荞麦组。这 10 个荞麦种类中有 9 个分布于中国西南部，只有 *Fagopyrum suffruticosum* Schmidt 分布于俄罗斯的远东地区。

1992 年，Ye 和 Guo 肯定了荞麦属的地位，在此基础上进一步明确了荞麦属种类的划分依据。他们提出了荞麦属与蓼属的区别特征：胚位于胚乳中央，子叶较宽，略呈折叠状；花被片在开花后不膨大；花粉粒外壁粗糙，呈颗粒状花纹而非网状或蜂窝状；染色体基数 $n=8$。据此，Ye 和 Guo 将中国荞麦属植物分为 10 个种：甜荞麦（普通荞麦）*Fagopyrum esculentum* Moench、苦荞麦 *F. tataricum* (L.) Gaertner、细柄野荞麦 *F. gracilipes*（Hemsl.）Dammer *ex* Diels、金荞麦 *F. cymosum*（Trev.）Meisner、线叶野荞麦 *F. lineare*（Sam.）Haraldson、硬枝野荞麦 *F. urophyllum*（Bur. et Fr.）H. Gross、小野荞麦 *F. leptopodum*（Diels）Hedberg、抽葶野荞麦（长柄野荞麦）*F. statice*（H. Lév.）H. Gross、心叶野荞麦（岩野荞麦）*F. gilesii*（Hemsl.）Hedberg、疏穗野荞麦 *F. caudatum*（Sam.）A. J. Li。10 个种中，除 *F. caudatum*（Sam.）A. J. Li 外，其余 9 个种与 Steward 的划分一致。李安仁（1998）也认同 Ye 和 Guo 关于荞麦属种类的划分依据，在《中国植物志》中对荞麦属 10 个种进行的划分和描述与 Ye 和 Guo 基本一致。

日本学者 Ohnishi 和 Ohsako 等于 1990~2000 年对中国西南地区荞麦属植物进行了大量野外考察和研究，并对荞麦种类进行了大量的研究，在证实了原有荞麦种类的基础上，于 1995 年、1998 年、2002 年报道了他们发现的 8 个野生荞麦种，即齐蕊野荞麦 *F. homotropicum* Ohnishi、卵叶野荞麦 *F. capillatum* Ohnishi、*F. pleioramosum* Ohnishi、*F. callianthum* Ohnishi、理县野荞麦 *F. macrocarpum* Ohsako *et* Ohnishi、灌野荞麦 *F. rubifolium* Ohsako *et* Ohnishi、金沙野荞麦 *F. jinshaense* Ohsako *et* Ohnishi 和纤梗野荞麦 *F. gracilipedoides* Ohsako *et* Ohnishi。这些荞麦种类分布于中国四川和云南及其周边地区。

1999 年，Chen 等报道在中国西藏的左贡县发现 1 个野生荞麦种：左贡野荞麦 *F. zuogongense* Q. F. Chen。同时，在其文献中，他根据金荞麦 *F. cymosum*（Trev.）Meisner 的倍性变化和形态特征，将现有的金荞麦 *F. cymosum*（Trev.）Meisner 划分为 3 个种，即四倍体金荞麦 *F. cymosum*、二倍体大野荞 *F. megaspartanium* Q. F. Chen 和二倍体毛野荞 *F. pilus* Q. F. Chen。

在这之后，2008~2017 年，四川境内的 7 个野生荞麦新种相继被报道，它们分别是：刘建林等（2008）报道的皱叶野荞麦 *F. crispatifolium* J. L. Liu、Tang 等（2010）报道的普格野荞麦 *F. pugense* Y. Tang、Shao 等（2011）报道的汶川野荞麦 *F. wenchuanense* J. R. Shao 和羌彩野荞麦 *F. qiangcai* D. Q. Bai、Hou 等（2015）报道的螺髻山野荞麦 *F. luojishanense* J. R. Shao、Zhou 等（2015）报道的海螺沟野荞麦 *F. hailuogouense* J. R. Shao, M. L. Zhou *et* Q. Zhang、Wang 等（2017）报道的龙肘山野荞麦 *F. longzhoushanense* J. R. Shao。

至此，国内外报道的中国荞麦属植物有28种。2019年，唐宇等（2019）的研究团队对中国荞麦属植物的分类进行了修订。他们从2004年起，在中国西南地区进行了多年多次的野外考察和标本采集工作，并在室内进行花和果实的解剖观察，获得了大量的荞麦属植物分类学数据，发现这些已报道的种还没有经过科学的归类，同种异名的现象比较严重。基于这些数据和荞麦染色体数量分析，唐宇等经馆藏标本和模式照片的对比，并综合国内外相关文献，将 *F. megaspartanium* Q. F. Chen、*F. pilus* Q. F. Chen 并入 *F. cymosum*（Trev.）Meisner 作为异名；*F. pleioramosum* Ohnishi、*F. wenchuanense* J. R. Shao 并入 *F. caudatum*（Sam.）A. J. Li 作为异名；*F. callianthum* Ohnishi 并入 *F. qiangcai* D. Q. Bai 作为异名；*F. zuogongense* Q. F. Chen 并入 *F. homotropicum* Ohnishi 作为异名；*F. longzhoushanense* J. R. Shao 并入 *F. pugense* Y. Tang 作为异名。经此分类学的修订，中国荞麦属植物由28种归并为21种。

二、中国荞麦属植物的种类

中国荞麦属植物中金荞麦 *Fagopyrum cymosum*、硬枝野荞麦 *F. urophyllum*、长柄野荞麦 *F. statice* 和海螺沟野荞麦 *F. hailuogouense* 为多年生草本或半灌木，其余为一年生草本（Zhou et al., 2016，2018）。21个种中，甜荞麦 *F. esculentum* 和苦荞麦 *F. tataricum* 为栽培种，金荞麦 *F. cymosum* 主要为野生类型，近来已有一些被驯化为栽培类型作饲用或药用，其余种类为野生类型。现将中国荞麦属植物21种列于表1-1。

表1-1 中国荞麦属植物一览表

序号	中文名	拉丁名	亚种	生长类型（多年生/一年生）
1	硬枝野荞麦	*F. urophyllum*（Bur. et Fr.）H. Gross		多年生
2	金荞麦	*F. cymosum*（Trev.）Meisner		多年生
3	抽葶野荞麦（长柄野荞麦）	*F. statice*（H. Lév.）H. Gross		多年生
4	海螺沟野荞麦	*F. hailuogouense* J. R. Shao, M. L. Zhou *et* Q. Zhang		多年生
5	齐蕊野荞麦	*F. homotropicum* Ohnishi		一年生
6	苦荞麦（鞑靼荞麦）	*F. tataricum*（L.）Gaertner	*F. tataricum* ssp. *potanini* Batalin（苦荞麦野生近缘种）	一年生

续表

序号	中文名	拉丁名	亚种	生长类型（多年生/一年生）
7	皱叶野荞麦	F. crispatifolium J. L. Liu		一年生
8	普格野荞麦	F. pugense T. Yu		一年生
9	灌野荞麦	F. rubifolium Ohsako et Ohnishi		一年生
10	细柄野荞麦	F. gracilipes（Hemsl.）Dammer. ex Diels		一年生
11	螺髻山野荞麦	F. luojishanense J. R. Shao		一年生
12	甜荞麦（普通荞麦）	F. esculentum Moench	F. esculentum ssp. ancestrale Ohnishi（甜荞麦野生近缘种）	一年生
13	卵叶野荞麦	F. capillatum Ohnishi		一年生
14	疏穗野荞麦（尾叶野荞麦）	F. caudatum（Sam.）A. J. Li		一年生
15	心叶野荞麦（岩野荞麦）	F. gilesii（Hemsl.）Hedberg		一年生
16	线叶野荞麦	F. lineare（Sam.）Haraldson		一年生
17	金沙野荞麦	F. jinshaense Ohsako et Ohnishi		一年生
18	小野荞麦	F. leptopodum（Diels）Hedberg		一年生
19	羌彩野荞麦	F. qiangcai D. Q. Bai		一年生
20	纤梗野荞麦	F. gracilipedoides Ohsako et Ohnishi		一年生
21	理县野荞麦	F. macrocarpum Ohsako et Ohnishi		一年生

注：括号内中文名称为别称

三、荞麦属植物的分种检索表

1. 多年生草本或半灌木，有地下茎
  2. 植株较大或半灌木，株高 1m 以上
    3. 叶片耳状箭形或卵状长三角形，基部耳形，顶端长渐尖或尾状尖，花序分枝组成疏松的圆锥状；果较小，短于 4mm ……………………………（1）硬枝野荞麦 F. urophyllum
    3. 叶片近正三角形，基部多戟形；花序分枝呈伞房状；果较大，长于或等于 5mm ……………………………………………………………………（2）金荞麦 F. cymosum
  2. 植株较小，株高 1m 以下
    4. 茎、枝上部无叶，叶片宽卵形；花序顶生，雌雄蕊不等长……（3）抽葶野荞麦 F. statice

4. 茎、枝上部有叶，叶片心形或长心形；花序顶生及腋生，雌雄蕊等长……………
　　………………………………………………………（4）海螺沟野荞麦 *F. hailuogouense*
1. 一年生草本，无地下茎
　5. 雌雄蕊等长；瘦果表面平滑或凹或有沟槽，棱角锐利或圆钝
　　6. 植株较大，株高1m以上；果长5mm以上
　　　7. 花白色或粉红色，瘦果平滑，棱角锐利…………（5）齐蕊野荞麦 *F. homotropicum*
　　　7. 花浅绿色或黄绿色，瘦果具3条纵沟，棱角圆钝…………（6）苦荞麦 *F. tataricum*
　　6. 植株较小，株高1m以下；果小，长不超过3mm
　　　8. 叶表面具泡状突起，叶缘皱波状，具不规则波状圆齿、圆齿或小圆齿；聚伞花序
　　　　在花序轴上排列较密………………………………（7）皱叶野荞麦 *F. crispatifolium*
　　　8. 叶表面较平坦或具细皱纹和小泡状突起，叶缘全缘或浅波状；聚伞花序在花序轴
　　　　上排列疏散或较疏散
　　　　9. 全株密被短毛或长毛；茎枝较粗壮，节较密集；叶表面具细皱纹和小泡状突起……
　　　　……………………………………………………………（8）普格野荞麦 *F. pugense*
　　　　9. 全株密被微糙毛或近无毛；茎枝较细弱，节较疏散；叶表面近平坦
　　　　　10. 植株匍匐，瘦果棱角无翅………………………（9）灌野荞麦 *F. rubifolium*
　　　　　10. 植株直立，瘦果棱角较锐利或有翅
　　　　　　11. 瘦果棱角无翅或幼果翅为绿白色…………（10）细柄野荞麦 *F. gracilipes*
　　　　　　11. 瘦果棱角有翅，幼果翅为红色…………（11）螺髻山野荞麦 *F. luojishanense*
　5. 雌雄蕊不等长；瘦果表面平滑或凹，棱角锐利
　　12. 植株较大，茎枝长>80cm，茎直立或匍匐
　　　13. 栽培植物，茎直立，叶片卵状三角形或三角形；花序较短而密集；果大，长于
　　　　5mm，露出宿存花被1倍以上………………………………（12）甜荞麦 *F. esculentum*
　　　13. 野生植物，茎直立或匍匐，叶片多形；花序长而稀疏；果小，短于3.5mm，微露出
　　　　宿存花被
　　　　14. 茎直立，叶片卵形或三角状卵形………………（13）卵叶野荞麦 *F. capillatum*
　　　　14. 茎匍匐，叶片三角状箭形或长箭形，基部箭形，先端锐尖、渐尖、长渐尖至尾状
　　　　　渐尖…………………………………………………（14）疏穗野荞麦 *F. caudatum*
　　12. 植株较小，茎枝短于60cm，茎直立或匍匐
　　　15. 茎直立，叶片心形，花序头状…………………………（15）心叶野荞麦 *F. gilesii*
　　　15. 茎直立或匍匐，叶片不为心形；花序总状、圆锥状或类穗状
　　　　16. 茎直立，叶片近三角形或线形；花序总状或圆锥状
　　　　　17. 叶片近线形，基部戟形；花序圆锥状……………（16）线叶野荞麦 *F. lineare*
　　　　　17. 叶片近三角形，基部平截或箭形

18. 叶片肉质，无光泽；总状花序类穗状…………（17）金沙野荞麦 *F. jinshaense*

18. 叶片厚纸质或纸质，表面较粗糙；圆锥花序紧密或稀疏……………………………………………………………………（18）小野荞麦 *F. leptopodum*

16. 茎匍匐或半直立，叶片多形，肉质或纸质

 19. 叶片三角形、卵状三角形、箭状三角形，肉质、稍肉质或厚纸质，上面具灰白色斑块；花较大，花被片长于 3.5mm …………（19）羌彩野荞麦 *F. qiangcai*

 19. 叶片多形，纸质；花较小，花被片短于 3mm，白色或粉红色

  20. 叶片三角形、戟形；花白色………………（20）纤梗野荞麦 *F. gracilipedoides*

  20. 叶片尾状三角形、尾状心形；花粉红色或白色……………………………………………………………………（21）理县野荞麦 *F. macrocarpum*

第二章

中国荞麦属植物

第一节 多年生荞麦

硬枝野荞麦 *F. urophyllum*、金荞麦 *F. cymosum*、抽葶野荞麦 *F. statice* 和海螺沟野荞麦 *F. hailuogouense* 4个种为多年生半灌木或草本,有较粗壮发达的地下茎,这些地下茎在寒冷的季节进入休眠状态,地上部分则枯萎,待气候回暖时再生长、开花结果。

一、硬枝野荞麦

别称:硬枝万年荞。

Fagopyrum urophyllum (Bur. *et* Franch.) H. Gross in Bull. Acad. Géogr Bot. 23: 21. 1913; Rob. *et* Vaut. in Boissiera 10: 52. 1964; Harald. in Symb. Bot. Upsal 22: 81. 1978; Lauener in Not. Bot. Gard. Edinb. 40: 195. 1982; N. G. Ye *et* G. Q. Guo in Proc. 5th Int. Symp. on Buckwheat at Taiyuan, China: 21. 1992; 林汝法. 中国荞麦: 52. 1994; 李安仁. 中国植物志 25(1): 111. 1998; 中国科学院昆明植物研究所. 云南植物志 11: 363. 2000. —*Polygonum urophyllum* Bur. *et* Franch. in Journ. de Bot. 5: 150. 1891; Sam. in Hand. -Mazz. Symb. Sin. 7: 186. 1929; Stew. in Contr. Gray Herb. 88: 116. 1930. —*P. mairei* Lév. in Fedde. Rep. Sp. Nov. 7: 338. 1909.

形态特征:多年生半灌木。株高60~200cm,茎近直立,多分枝,老枝木质,红褐色,茎皮稍开裂;一年生枝草质,绿色,具纵棱。地下茎为木质化的根状茎,呈黑褐色。叶片披针状心形和耳状箭形,长2~8cm,宽1.5~4cm,顶端长渐尖或具尾状尖,基部宽箭形,两侧裂片顶端圆钝或急尖,上面绿色,下面淡绿色,两面沿叶脉具短柔毛;叶柄长 2～5cm,沿棱具短柔毛;基部叶柄长可达 5cm,往上逐渐变短至几乎无柄;托叶鞘膜质,褐色,偏斜,长 4～6mm。花序圆锥状,顶生或腋生,长 15～20cm,聚伞花序簇排列稀疏。苞片狭漏斗状,长 2.0～2.5mm,淡绿色,顶端急尖,每苞内具 3～4 花;花梗细弱,长 3.0～3.5mm,具关节,比苞片长。花被 5 深裂,白色、粉红色;花被片椭圆形,长 2～3mm;雄蕊 8 枚,花药白色或粉红色;花柱 3 枚,柱头头状,花柱有长花柱和短花柱两种类型(花柱异长)。瘦果宽卵形,具 3 锐棱,长 3～4mm,黑褐色,有光泽,比宿存花被长。异花授粉,具自交不育特性。二倍体类型,染色体数 $2n=2x=16$。

花期 7～9 月,果期 9～11 月。

生境: 生于土坡林缘、山谷灌丛,海拔 900～2800m。

分布: 分布于我国四川凉山彝族自治州,云南昆明市、楚雄彝族自治州、大理白族自治州、丽江市,甘肃陇南市(图 2-1)。

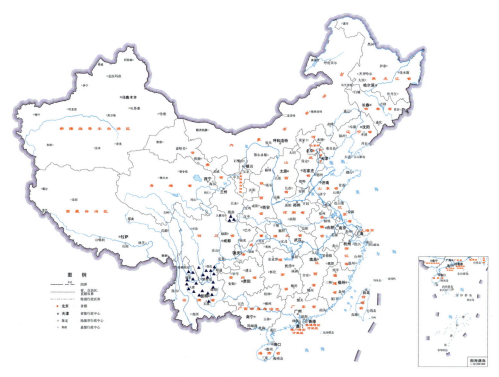

图 2-1 硬枝野荞麦的地理分布

▲硬枝野荞麦

硬枝野荞麦植株（灌木状）

硬枝野荞麦植株（岩石旁）

硬枝野荞麦植株局部

硬枝野荞麦叶片正面（自左至右为茎基部至顶端的叶片形态，示叶柄的有无）

硬枝野荞麦叶片背面（自左至右为茎基部至顶端的叶片形态，示叶柄的有无）

硬枝野荞麦圆锥状花序

硬枝野荞麦花序及花（白色花）

硬枝野荞麦花及幼果

硬枝野荞麦地下根状茎

硬枝野荞麦花序及花（粉红色花）

二、金荞麦

别称： 天荞麦、赤地利、苦荞头、透骨消、老虎荞。

Fagopyrum cymosum (Trev.) Meisner in Wall. Pl. As. Rar. 3: 63. 1832; 傅书遐. 湖北植物志 1: 218. 1976; N. G. Ye *et* G. Q. Guo in Proc. 5th Int. Symp. on Buckwheat at Taiyuan, China: 21. 1992; 林汝法. 中国荞麦: 52. 1994. —*P. cymosum* Trev. in Nov. Act. Acad. Caes. Leop. -Carol. Nat. Cur. 13: 177. 1826; Forb. *et* Hemsl. in Journ. Linn. Soc. Bot. 26: 337. 1891; Stew. in Contr. Gray. Herb. 88: 117. 1930. —*Polygonum dibotrys* D. Don. Prodr. Fl. Nep. 73. 1825. —*Fagopyrum dibotrys* (D. Don) Hara. Fl. E. Himal. 69. 1966; *et* Enum. Flow. Pl. Nep. 3: 174. 1982; Lauener in Not. Bot. Gard. Edinb. 40: 194. 1982; 吴征镒. 西藏植物志 1: 604. 1983; 李安仁. 中国植物志 25(1):

111. 1998; 中国科学院昆明植物研究所. 云南植物志 11: 364. 2000. —*P. labordei* Lév. *et* Van. in Bull. Géogr. Bot. 11: 344. 1902. —*P. tristachyum* Lév. in Fedde. Rep. Sp. Nov. 11: 297. 1912. —*Fagopyrum megaspartanium* Q. F. Chen in Bot. Jour. Linn. Soc. 130: 62. 1999. —*Fagopyrum pilus* Q. F. Chen in Bot. Jour. Linn. Soc. 130: 62. 1999.

形态特征： 多年生半灌本。株高 100～300cm。膨大的地下茎有两种类型，即块茎型（姜状）和球块型（不规则状），且木质化，呈黑褐色。茎通常直立，也有半直立或匍匐类型，茎秆中空，基部分枝多，具纵棱，无毛，有时一侧沿棱被柔毛。叶片三角形、卵状三角形或戟状三角形，基部和中上部叶片大多呈卵状三角形或戟状三角形，顶端渐尖，顶部叶片三角形，长 4～12cm，宽 3～11cm，顶端渐尖，基部近戟形，边缘全缘，两面具乳头状突起，正面无毛，背面无毛或被柔毛；叶柄近圆柱形或扁圆柱形，叶柄向茎面具沟槽，长 4～13cm，无毛或密被短柔毛；托叶鞘筒状，膜质，褐色，长 5～10mm，偏斜，顶端无缘毛。花序顶生或腋生，总状花序，花序 3～4 分叉，呈伞房状，聚伞花序簇较密集。苞片卵状披针形，顶端尖，边缘膜质，长约 3mm，每苞内具 2～4 花；花梗中部具关节，与苞片近等长。花被 5 深裂，白色，花被片长椭圆形，长 3.5～4.0mm；具 8 枚蜜腺，鲜黄色，分布在雄蕊之间；雄蕊 8 枚，花药红色；雌蕊由三心皮构成，子房三棱形，花柱 3 枚，柱头膨大成球状，子房长 0.8～1.0mm，花柱有长花柱和短花柱两种类型（花柱异长），长花柱的长度为 1.6～2.0mm，短花柱的长度约 0.6mm。瘦果三角状三棱形，长 6～8mm，露出宿存花被的 2～3 倍，棱角钝或锐，果皮光滑，无光泽，呈黑色、褐色和红褐色。异花授粉，具有自交不育特性。该种有四倍体和二倍体两种类型，染色体数 $2n=4x=32$ 或 $2n=2x=16$。

花期 7～9 月，果期 8～10 月。

生境： 生于山坡、林下、灌丛、山谷湿地、水边，海拔 250～3500m。

分布： 分布于我国云南、四川、贵州、西藏、重庆、广西、广东、湖北、湖南、江西、浙江、安徽、福建、陕西（图 2-2）。印度、尼泊尔、不丹、越南、泰国也有分布。

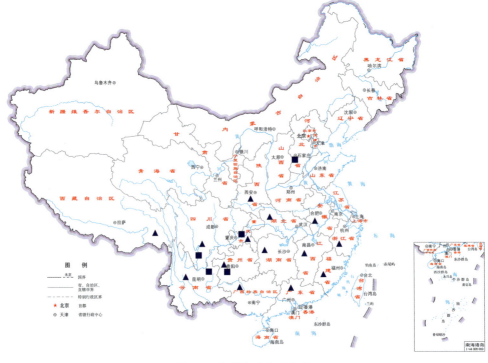

图 2-2　金荠麦的地理分布

▲ 野生金荠麦　■ 栽培金荠麦

金荠麦植株，直立类型（林下）

金荠麦植株上部

金荞麦植株，半直立类型（山坡）

金荞麦植株局部

金荞麦卵状三角形叶片（正面）

金荞麦卵状三角形叶片（背面）

金荞麦戟状三角形叶片（示叶柄长短或有无）

金荞麦花序及花（短花柱）

金荞麦花序及花（长花柱）

金荞麦花及幼果

金荞麦果实(示瘦果在宿存花被之外)

金荞麦多毛类型

金荞麦地下茎（球块型）　　　　　　　　　　金荞麦地下茎（块茎型）

三、抽葶野荞麦

别称： 长柄野荞麦。

Fagopyrum statice (H. Lév.) H. Gross in Bull. Géogr. Bot. 23: 26. 1913; Lauener in Not. Bot. Gard. Edinb. 40: 195. 1982; N. G. Ye *et* G. Q. Guo in Proc. 5th Int. Symp. on Buckwheat at Taiyuan, China: 21. 1992; 林汝法. 中国荞麦: 52. 1994; 李安仁. 中国植物志 25(1): 111. 1998; 中国科学院昆明植物研究所. 云南植物志 11: 364. 2000. ——*Polygonum statice* Lév. in Fedde, Repert. Sp. Nov. 7: 338. 1909; Sam. in Hand.-Mazz. Symb. Sin. 7. 1929; Stew. in Contr. Gray Herb. 88: 115. 1930.

形态特征： 多年生草本。株高40~70cm，茎直立，下部节间短，自基部分枝，具细纵棱，无毛，茎为深绿色；地下茎为块状茎，粗壮，木质化；茎、枝上部无叶。叶片多为宽卵形或三角形，长2~3cm，宽1.5~2.5cm，顶端急尖，基部宽心形或近戟形，两面无毛，上面平滑，下面叶脉稍突出，植株上下部叶形不一致，基部的叶片呈宽卵形或三角形，上部的叶片呈戟形或线形，叶片为深绿色；基部的叶柄极长而纤细，长可达 4cm，向上逐渐变短；托叶鞘膜质、偏斜，顶端急尖，无缘毛。总状花序呈穗状，顶生，由数个总状花序再组成大型、稀疏的圆锥状花序。苞片漏斗状，每苞内具 2～3 花；花梗细弱，长 2.0～2.5mm，顶部具关节，比苞片长。花被 5 深裂；花被片椭圆形，长 1.0～1.5mm；雄蕊 8 枚，与花被近等长；花柱 3 枚，柱头头状，花柱有长花柱和短花柱两种类型（花柱异长）。瘦果卵形，具 3 棱，长 2.0～2.5mm，外皮光滑，有光泽，呈褐色，花被宿存。异花授粉，具自交不育特性。二倍体类型，染色体数 $2n=2x=16$。

花期 7～9 月，果期 9～10 月。

生境：生于石灰岩山坡、草地或碎石中，海拔 1300～2200m。

分布：分布于我国云南红河，贵州南部（图 2-3）。

图 2-3　抽葶野荞麦的地理分布

▲抽葶野荞麦

抽葶野荞麦植株（多分枝）

抽葶野荞麦植株基部

抽葶野荞麦植株（少分枝）

抽葶野荞麦完整植株

抽葶野荞麦花序及花

抽葶野荞麦叶片正面

抽葶野荞麦叶片背面

抽葶野荞麦地下茎

四、海螺沟野荞麦

Fagopyrum hailuogouense J. R. Shao, M. L. Zhou *et* Q. Zhang in Novon 24(2): 222-224. 2015.

形态特征：多年生草本。株高30～70cm，地上茎通常直立，有时斜升，圆柱形，绿色或红褐色，近无毛；节较稀疏，节间较长；基部分枝，从基部到顶部均具叶；地下茎为根状茎，肉质，轻微木质，横生，棕色或黑棕色，节较密集，节上多具不定根。单叶互生，叶片纸质，心形、长心形、阔心形或宽卵形，顶端锐尖或有时渐尖，基部深心形或阔心形，两侧耳状，基部圆形或钝状，上面深绿色或绿色，下面绿色或浅绿色，并疏被白色短柔毛，边缘全缘；下部叶具长或短柄，中上部叶近无柄；叶柄绿色或绿褐色，无毛，在上面具细凹槽，下面圆凸；托叶鞘薄膜质，褐色，偏斜，一侧开口，无毛，先端渐尖、长渐尖至尾状渐尖。聚伞花序呈总状或头状，稀疏，间断，腋生和顶生，长花序轴绿色或褐绿色，四棱状，无毛。苞片斜漏斗状，膜质，顶端渐尖，苞片内有1～3小花，多为2。花密集，着生于花序轴上部至顶部；花梗线形，淡绿色或紫红色，无毛，在顶端具明显或不明显关节；花被片5枚，椭圆形、卵状椭圆形，长1.0～1.8mm，宽0.8～1.0mm，白色、粉红色、淡粉红色，基部多粉红色，先端锐尖，基部圆形；雄蕊8枚，花药椭圆形，长0.1～0.2mm，红褐色或褐色；子房卵状三棱形，长约0.6mm，宽约0.2mm，淡绿色或黄绿色；花柱3枚，长约1mm，白色，无毛，柱头小头状。瘦果卵状三棱形，长2.5～3.0mm，直径1.5～1.8mm，成熟后黄褐色、黑褐色至褐色，露出宿存花被之外约1.5倍；花柱宿存，向下弯曲。自花授粉，自交可育。

花期6～8月，果期7～9月。

生境：生于阴凉潮湿的草坡，海拔3000～3500m。

分布：分布于我国四川贡嘎山或峨眉山（图2-4）。

图 2-4　海螺沟野荞麦的地理分布

▲海螺沟野荞麦

海螺沟野荞麦植株（多分枝）

海螺沟野荞麦植株（少分枝）

海螺沟野荞麦完整植株

海螺沟野荞麦叶片正面

海螺沟野荞麦叶片背面

海螺沟野荞麦花序及花

海螺沟野荞麦花及幼果

海螺沟野荞麦地下茎（根状茎）

第二节 一年生荞麦

荞麦属植物大部分为一年生草本。中国荞麦属有17种属于这种类型，它们是齐蕊野荞麦 *F. homotropicum*、苦荞麦 *F. tataricum*、皱叶野荞麦 *F. crispatifolium*、普格野荞麦 *F. pugense*、藋野荞麦 *F. rubifolium*、细柄野荞麦 *F. gracilipes*、螺髻山野荞麦 *F. luojishanense*、野荞麦 *F. esculentum*、卵叶野荞麦 *F. capillatum*、疏穗野荞麦 *F. caudatum*、心叶野荞麦 *F. gilesii*、线叶野荞麦 *F. lineare*、金沙野荞麦 *F. jinshaense*、小野荞麦 *F. leptopodum*、羌彩野荞麦 *F. qiangcai*、纤梗野荞麦 *F. gracilipedoides*、理县野荞麦 *F. macrocarpum*。这些荞麦属植物没有地下茎，通常在一年内完成其生命周期（发芽、生长、开花、结果、死亡）。

一、齐蕊野荞麦

Fagopyrum homotropicum Ohnishi in Fagopyrum 15: 18-28. 1998. —*Fagopyrum zuogongense* Q. F. Chen in Bot. Jour. Linn. Soc. 130: 62. 1999.

形态特征：一年生草本，株高50～135cm，直立或半直立。自基部或中下部分枝，茎斜升或近平伸，圆柱形，无毛，光滑；茎为绿色或红褐色，基部多绿色，中上部红色至红褐色；节间光滑。叶片三角形、长卵形及卵状三角形，表面绿色或红色，背面灰绿色，两面疏被短毛，长2.0～6.5cm，宽1.5～5.5cm；基部叶柄长5cm，中上部叶柄逐渐变短至无；托叶鞘厚膜质，斜筒状。花序总状，分枝呈伞房状或圆锥状，聚伞花序簇密集，顶生和腋生，花序轴长2.5～4.0mm。苞片斜漏斗状，顶端尖，绿色；每苞片有2～3小花。花被片5枚，椭圆形，长2.5mm，白色或粉红色；雄蕊8枚，花药红色或紫红色，椭圆形，雄蕊基部着生8枚蜜腺；子房3棱，花柱3枚，柱头头状，花柱长度与雄蕊相等（花柱等长）。瘦果黑色，长三棱形或正三棱形，先端较尖或稍钝，三棱基部较尖，果棱锐，长3～4mm，表面光滑，无光泽，花被片宿存，露出宿存花被的2～3倍。自花授粉。该种有二倍体和四倍体两种类型，染色体数 $2n=2x=16$ 或 $2n=4x=32$。

花期7～9月，果期8～10月。

生境：生于岩石堆、贫瘠山坡，海拔1800～2500m。

分布：分布于我国云南丽江市永胜县、迪庆藏族自治州香格里拉市，四川甘孜藏族自治州泸定县和西藏昌都市左贡县（图2-5）。

图 2-5　齐蕊野荞麦的地理分布
▲ 齐蕊野荞麦

齐蕊野荞麦植株，多分枝（岩石中）

齐蕊野荞麦植株下部（岩石中）

齐蕊野荞麦植株，少分枝（岩石中）　　齐蕊野荞麦植株局部

齐蕊野荞麦叶片正面

齐蕊野荞麦叶片背面

齐蕊野荞麦花序

齐蕊野荞麦花与幼果

齐蕊野荞麦花

二、苦荞麦

别称： 鞑靼荞麦。

（一）苦荞麦栽培种

Fagopyrum tataricum (L.) Gaertner in Fruct. Sem. 2: 182, t. 119. f. 6. 1791; Meisner in DC. Prodr. 14(1): 144. 1856; Hook. f. Fl. Brit. Ind. 5: 55. 1886; 刘慎谔.

东北草本植物志 2: 67. 1959; 傅书遐. 湖北植物志 1. 217. 1976; Hara. Enum. Flow. Pl. Nep. 3: 174. 1982; 吴征镒. 西藏植物志 1: 605. 1983; Borod. in Pl. Asiae Centr. 9: 121. 1989; N. G. Ye *et* G. Q. Guo in Proc. 5th Int. Symp. on Buckwheat at Taiyuan, China. 22. 1992; 林汝法. 中国荞麦: 52. 1994; 李安仁. 中国植物志 25(1): 112. 1998; 中国科学院昆明植物研究所. 云南植物志 11: 366. 2000. —*Polygonum tataricum* L. in Sp. Pl. 34. 1753; Forb. *et* Hemsl. in Journ. Linn. Soc. Bot. 26: 350. 1891; Sam. in Hand. -Mazz. Symb. Sin. 7: 185. 1929; Stew. in Contr. Gray Herb. 88: 114. 1930; Kung in Fl. Ill. N. Chine 5: 63, Pl. 27. 1936.

形态特征： 一年生草本。茎直立，株高70～140cm，分枝，绿色或微呈紫色，有细纵棱，一侧具乳头状突起。叶片宽三角形，基部心形或戟形，长2～7cm，两面沿叶脉具乳头状突起；全缘，叶片较光滑，仅沿边缘及叶背脉处有微毛，浅绿色至深绿色；叶柄在茎上互生，近圆柱形或扁圆柱形，上侧有凹沟，凹沟内和边缘有毛，叶柄绿色、浅红色或紫色，其长度不等，茎中下部叶的叶柄较长，而往上部则逐渐缩短，直至无叶柄；托叶鞘偏斜，膜质，黄褐色，长约5mm。花序总状，不分枝或分枝呈伞房状，聚伞花序较密集，顶生或腋生，花排列稀疏。苞片卵形，长2～3mm，每苞内具2～4花，花梗中部具关节。花被5深裂，呈镊合状，花被片卵形，长约2mm，宽约1mm，浅绿色或黄绿色；雄蕊8枚，比花被短，花药紫红色、粉红色等，雄蕊基部之间有蜜腺；子房3棱，花柱3枚，柱头头状，花柱长度与雄蕊相等（花柱等长）。瘦果长卵形，长5～6mm，具3棱及3条纵沟，棱较圆钝，有时具波状齿，不同类型果棱变异较大，少数类型果棱具翅或刺；果皮粗糙，棕褐色、黑色或灰色，无光泽，比宿存花被长。自花授粉。该种为二倍体类型，染色体数 $2n=2x=16$。

春播类型花期6～7月，果期7～8月；秋播类型花期9～10月，果期10～11月。

生境： 栽培于山区农田，海拔500～3900m。

分布： 我国四川、云南、贵州、重庆、西藏、湖南、湖北、江西、河北、陕西、山西、甘肃、青海等山区有栽培，其中主产区为我国西南部的云南昭通、楚雄、四川凉山彝族自治州和贵州毕节市（图2-6）。尼泊尔、不丹、巴基斯坦、印度、阿富汗、缅甸等国也有栽培。

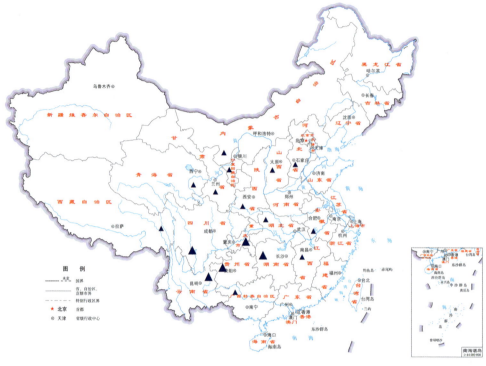

图 2-6 苦荞麦的地理分布

▲ 主产区　▲ 有栽培，非主产区

苦荞麦田间栽培植株

苦荞麦植株

苦荞麦植株(田间栽培)

苦荞麦叶片正面

苦荞麦叶片背面

苦荞麦花序(植株上部)

苦荞麦顶生花序及花

苦荞麦腋生花序及花

苦荞麦花与幼果

苦荞麦果实

（二）苦荞麦野生近缘种（亚种）

Fagopyrum tataricum ssp. *potanini* Batalin in Economic Botany 52: 123-130. 1998.

形态特征：该亚种形态特征与栽培种相似。一年生草本。株高60～130cm，茎直立或斜升，自基部分枝，茎绿色或微呈紫色，有细纵棱，棱上有绒毛。叶片宽三角形，基部心形或戟形，全缘，叶脉正面一般为红色，反面为绿色。花序总状，不分枝或分枝呈伞房状，聚伞花序较密集，顶生或腋生，花排列稀疏。苞片卵形，长2～3mm，每苞片内具2～3花，花梗中部具关节。花被5深裂，呈镊合状，花被片卵形，长2mm，浅绿色或黄绿色；雄蕊8枚，比花被短，花药红色，雄蕊基部之间有蜜腺；子房3棱，花柱3枚，柱头头状，花柱长度与雄蕊相等（花柱等长）。瘦果为三棱形，表面粗糙，呈锥状卵形，长4～5mm，有3条纵沟，果棱有些具刺、有些不具刺，棕褐色、黑色或灰色，无光泽，比宿存花被长。自花授粉。二倍体，染色体数$2n=2x=16$。

花期7～9月，果期8～10月。

生境：生于庄稼地、荒地、路边及山坡，海拔1500～3500m。

分布：分布于我国四川阿坝藏族羌族自治州、甘孜藏族自治州康定县，云南丽江市、迪庆市、西藏昌都市和青海果洛藏族自治州等地（图2-7）。尼泊尔、不丹、巴基斯坦等国也有分布。

图 2-7 苦荞麦野生近缘种（亚种）的地理分布
▲ 苦荞麦野生近缘种（亚种）

苦荞麦野生近缘种（亚种）植株，直立型（荒地）

苦荞麦野生近缘种（亚种）植株，斜升（荒地）

苦荞麦野生近缘种（亚种）叶片正面

苦荞麦野生近缘种（亚种）叶片背面

苦荞麦野生近缘种（亚种）花序

苦荞麦野生近缘种（亚种）幼果

苦荞麦野生近缘种（亚种）成熟果实

三、皱叶野荞麦

Fagopyrum crispatifolium J. L. Liu in Journ. Syst. Evol. 46(6): 930. 2008.

形态特征：一年生草本，株高45~88cm，近平卧或直立，基部或中下部多分枝。茎枝圆柱形，具细纵棱纹，绿色、绿褐色或紫褐色，被白色短毛和疏长毛，从基部至顶端均具叶；节稀疏或较密集。叶片纸质，阔卵形、卵形，有时近圆形或长卵形，长2.7~7.7cm，宽2.1~6.8cm，先端短渐尖、锐尖或有时渐尖，基部深心形或阔心形，两侧耳状，基部圆形或钝形，明显具泡状突起，两面疏被直立长毛；叶柄长3~7cm，绿色或绿褐色，疏被白色长柔毛，在上面具细凹槽，疏被直立长毛，下面圆凸，无毛；托叶鞘薄膜质，偏斜，一侧开口，长4~8mm，密或疏被长毛。聚伞花序呈总状或头状，密集，腋生或顶生，长2.5~4.7cm，四棱状，密或疏被长毛和短毛。苞片斜漏斗状，长2.5~3mm，每苞片内有3~5花；花密集，着生于花序轴上部至顶部；花梗线形，长2~4mm，在顶端具明显或不明显关节。花被片5枚，椭圆形、阔卵形、阔卵状椭圆形，长1.8~2.0mm，宽1.2~1.8mm，除基部绿色或淡绿色外，白色、淡粉红色，先端钝或圆形；雄蕊8枚，花药椭圆形；子房卵状三棱形，淡绿色或黄绿色，花柱3枚，白色，柱头头状，花柱长度与雄蕊相等（花柱等长）。瘦果圆状三棱形、卵圆状三棱形或阔卵圆状三棱形，长2.7~3.0mm，直径2.4~2.7mm，成熟后黄褐色、黑褐色至黑色，被宿存花被紧裹；花柱宿存，向下弯曲。自花授粉。四倍体，染色体数$2n=2x=32$。

花期7~8月，果期8~9月。

生境：生于坡地、田边，海拔1900~1950m。

分布：分布于我国四川凉山彝族自治州普格县（图2-8）。

图 2-8 皱叶野荞麦的地理分布
▲ 皱叶野荞麦

皱叶野荞麦
植株（盆栽）

皱叶野荞麦
开花前植株

皱叶野荞麦
开花植株

皱叶野荞麦上部叶片及花序

皱叶野荞麦叶片

皱叶野荞麦花序及花

四、普格野荞麦

别称： 密毛野荞麦。

Fagopyrum pugense Y. Tang in Novon 20(2): 239-242. 2010.

形态特征： 一年生草本。株高17~70cm，基部或中下部多分枝，全株密被白色直立长毛，从基部到顶部均具叶。茎通常直立，有时斜升或近平伸，具多条纵细棱纹和细凹槽，红褐色，密被白色直立长毛。叶片纸质，阔卵形、心形、阔心形、阔卵状心形、卵形、长卵形、三角状卵形或卵状三角形，长1.7~5.5cm，宽1.2~4.6cm，先端渐尖、短渐尖、锐尖，基部心形、阔心形，有时平截或心状平截，两侧耳状裂片通常不下垂，两面密被白色直立长毛，在上面具细皱纹，明显具小泡状突起；叶柄长2.6~5.3cm，红褐色、绿褐色，密被白色直立长毛；叶鞘厚膜质，斜筒状，长6~9mm，密被长毛。总状花序腋生和顶生，长2~12cm，花序轴四棱状，密被白色长毛或短毛；苞叶阔卵形或卵形，密被短毛；花在花序轴上排列疏散或较密集；苞片斜漏斗状，长2~3mm，被短毛，每苞片内有2~4花；花梗线形，无毛，顶端关节不明显。花被片5枚，椭圆形、卵形，长1.3~2mm，宽1.1~1.5mm，白色、粉红色；雄蕊8枚，花药红褐色或褐色，椭圆形；子房卵状三棱形，花柱3枚，柱头头状，花柱长度与雄蕊相等（花柱等长）。瘦果黑褐色或黑色，阔卵状三棱形、卵圆状三棱形，长2~2.5mm，直径1.8~2.0mm，中下部或中部膨大，表面光滑，具光泽，先端钝，基部圆形，棱脊突起，花被片紧包果实，宿存。以自花授粉为主。二倍体类型，染色体数$2n=2x=16$。

花期7~10月，果期8~11月。

生境： 生于山坡草地、庄稼地，海拔1900~2300m。

分布： 分布于我国四川凉山，云南昭通、丽江等地（图2-9）。

图 2-9 普格野荞麦的地理分布

▲ 普格野荞麦

普格野荞麦植株（田边）

普格野荞麦植株（荒地）

普格野荞麦植株上部

普格野荞麦植株局部

普格野荞麦叶片正面

普格野荞麦叶片背面

普格野荞麦花序和花

普格野荞麦花（花被片白色）

普格野荞麦花（花被片粉红色）

普格野荞麦花（腋生）　　　　　　　普格野荞麦花（顶生）

五、灌野荞麦

别称： 红叶野荞麦。

Fagopyrum rubifolium Ohsako *et* Ohnishi in Genes Genet. Syst. 73: 85-94. 1998.

形态特征： 一年生草本。株高15.0~85.0cm，匍匐或斜升，茎细长，分枝较多，茎为绿色或红色，密被短毛。叶片肉质或厚纸质，戟形、三角形、卵状三角形，表面绿色，两面被白色短毛，掌状网脉可见主脉，侧脉不明显，成熟后叶片呈红色，长2.5~4.2cm，宽1.0~3.6cm；叶柄较短，最长为3cm，上部叶几无柄；托叶鞘偏斜，厚膜质，密毛。总状花序，腋生和顶生，较稀疏，间断；苞片斜漏斗状，上部膜质，中下部草质，绿色；每苞片内有2~3花；花梗线形，长1~2mm，比苞片长。花被片5枚，椭圆形、卵形，长1.5~2mm，粉红色，背面基部绿色，开花时呈半开放状态；雄蕊8枚，花药红色，椭圆形；子房三棱形，花柱3枚，柱头头状，花柱长度与雄蕊相等（花柱等长）。瘦果黑褐色或黑色，卵状三棱形，花被片紧包果实，宿存。自花授粉。

花期7~10月，果期8~11月。

生境： 生于草地、庄稼地，海拔2500~2600m。

分布： 分布于我国四川阿坝藏族羌族自治州马尔康市（图2-10）。

第二章　中国荞麦属植物　53

图 2-10　灌野荞麦的地理分布
▲ 灌野荞麦

灌野荞麦匍匐型植株（荒地）

灌野荞麦斜升型植株（荒地）

灌野荞麦叶片和茎

灌野荞麦后期叶片

第二章　中国荞麦属植物　55

灌野荞麦总状花序较稀疏

灌野荞麦花序及花（腋生）

灌野荞麦花及花蕾

灌野荞麦花序及花（顶生）

灌野荞麦花及幼果

六、细柄野荞麦

Fagopyrum gracilipes (Hemsl.) Dammer ex Diels in Bot. Jahrb. 29: 31. 1900; 中国科学院西北植物研究所. 秦岭植物志 1(2): 167. 1974; Harald. in Symb. Bot. Upsal 22: 81. 1978; N. G. Ye *et* G. Q. Guo in Proc. 5th Int. Symp. on Buckwheat at Taiyuan, China: 22. 1992; 林汝法. 中国荞麦: 52. 1994; 李安仁. 中国植物志 25(1): 114. 1998; 中国科学院昆明植物研究所. 云南植物志 11: 368. 2000. —*Polygonum gracilipes* Hemsl. in Journ. Linn. Soc. Bot. 26: 340. 1891; Sam. in Hand.-Mazz. Symb. Sin. 7: 187. 1929; 傅书遐. 湖北植物志 1: 217. 1976. —*P. bonatii* Lév. in Fedde. Rep. Sp. Nov. 8: 258. 1910. —*Fagopyrum odontopterum* H. Gross in Bull. Géogr. Bot. 23: 25. 1913.—*F. bonatii* (Lév.) H. Gross in Bull. Acad. Int. Géogr. Bot. 23: 25. 1913; —*Polygonum gracilipes* (Hemsl.) Dammer var. *odonotopterum* (H. Gross) Sam. in Hand.-Mazz. Symb. Sin. 7: 187. 1929. —*P. odontopterum* (H. Gross) Kung in Fl. Ill. N. Chine 5: 59. t. 25. 1936.

形态特征：一年生草本。株高20~70cm，茎直立，自基部分枝，具纵棱，无毛或疏被短糙伏毛。叶片卵状三角形，长2~5cm，宽1.5~4.0cm，顶端渐尖，基部心形，两面疏生短糙伏毛；下部叶叶柄长1.5~6.0cm，具短糙伏毛，上部叶叶柄较短或近无梗；托叶鞘膜质，偏斜，具短糙伏毛，长4~5mm，顶端尖。花序总状，腋生或顶生，花簇在花序梗上的排列有的呈稀疏、间断状，有的呈密集状，花序梗细弱，长2~4cm。苞片漏斗状，上部近缘膜质，中下部草质，绿色，每苞片内具2~3花；花梗细弱，长2~3mm，比苞片长，顶部具关节。花被5深裂，淡红色、白色；花被片椭圆形，长2.0~2.5mm，背部具绿色脉，果时花被稍增大；雄蕊8枚，比花被片短，花药红褐色或褐色，椭圆形；花柱3枚，柱头头状，花柱长度与雄蕊相等（花柱等长）。瘦果宽卵形，长约3mm，具3锐棱，有时沿棱生狭翅，有光泽，突出花被之外。自花授粉。四倍体，染色体数$2n=2x=32$。

花期6~9月，果期8~10月。

生境：生于山坡草地、山谷湿地、田埂、路旁，海拔300~3400m。

分布：分布于我国四川、云南、贵州、重庆、河南、陕西秦岭、甘肃陇南、湖北（图2-11）。

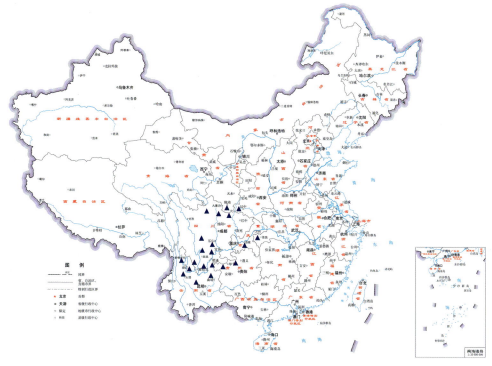

图 2-11　细柄野荞麦的地理分布
▲ 细柄野荞麦

细柄野荞麦植株，多分枝，花簇稀疏（路旁）

细柄野荞麦植株，少分枝（山坡）

细柄野荞麦植株局部

细柄野荞麦植株，花簇密集（玉米地中）

细柄野荞麦植株上部（花簇稀疏）　　细柄野荞麦完整植株

细柄野荞麦植株上部（花簇密集）

细柄野荞麦叶片正面

细柄野荞麦叶片背面

细柄野荞麦花序与花（腋生）

细柄野荞麦花与花蕾

细柄野荞麦幼果和成熟果实

七、螺髻山野荞麦

Fagopyrum luojishanense J. R. Shao in Novon 24(1): 22-26. 2015.

形态特征： 一年生草本。株高 40~70mm，半直立或匍匐，节间稀疏，长 5~8cm，上部多分枝；茎细长，疏生糙毛。单叶互生，叶片全缘，卵形到狭卵形，较小的叶片三角形，先端渐尖或急尖，叶片表面疏生短糙伏毛；叶柄长 0.2~2.0cm，顶端短或无柄；托叶鞘膜质，长 4~5mm，偏斜，被短柔毛，先端渐尖。总状花序，腋生或顶生，花在花序轴上排列疏散或较密集，花序轴纤细。苞片漏斗状，边缘膜质，绿色，每个苞片有 2~3 花；花梗细长，长 2~3mm，绿色，无毛，比苞片长。花被片 5 枚，椭圆形或卵形，长 2~3mm，鲜红色或粉红色；雄蕊 8 枚；花柱 3 枚，柱头头状，花柱长度与雄蕊相等（花柱等长）。瘦果卵状三角形，中部较宽，顶部尖锐，（2.5~2.9）mm×（2.0~2.5）mm，棕色或黑褐色，有光泽，具宿存花被，沿棱着生有红色翅，成熟果实表面密被不规则疣状颗粒。自花授粉。二倍体类型，染色体数 $2n=2x=16$。

花期 7~9 月，果期 8~10 月。

生境： 生于山坡草地、山谷湿地、田埂、路旁，海拔 1200~3000m。

分布： 分布于我国四川凉山彝族自治州，云南昭通市、曲靖市、丽江市及贵州毕节市（图 2-12）。

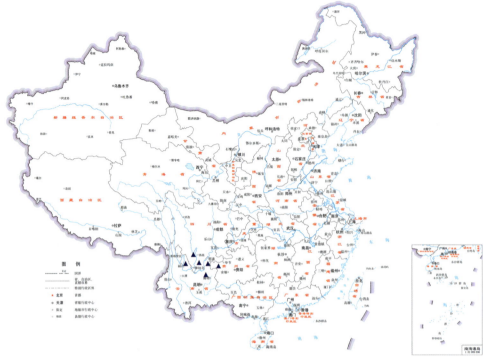

图 2-12 螺髻山野荞麦的地理分布

▲螺髻山野荞麦

螺髻山野荞麦植株（草坡）

螺髻山野荞麦植株（地边）

螺髻山野荞麦植株，多分枝（地边）

螺髻山野荞麦植株局部

螺髻山野荞麦叶片正面

螺髻山野荞麦叶片背面

螺髻山野荞麦植株上部花序

螺髻山野荞麦花序与花（顶生）

螺髻山野荞麦花序与花（腋生）

螺髻山野荞麦花与幼果

螺髻山野荞麦幼果

螺髻山野荞麦果实

八、甜荞麦

别称： 普通荞麦、荞麦。

（一）甜荞麦栽培种

Fagopyrum esculentum Moench in Moth. Pl. 290. 1794; Meisner in DC. Prodr. 14: 143. 1856; Hook. f. Fl. Br. Ind. 5: 55. 1886; 傅书遐. 湖北植物志 1: 216. 1976; Hara. Enum. Flow. Pl. Nep. 3: 174. 1982; 吴征镒. 西藏植物志 1: 604. 1983; Borod. in Pl. Asiae Centr. 9: 121. 1989; N. G. Ye *et* G. Q. Guo in Proc. 5th Int. Symp. on Buckwheat at Taiyuan, China: 21. 1992; 林汝法. 中国荞麦: 52. 1994; 李安仁. 中国植物志 25(1): 116. 1998; 中国科学院昆明植物研究所. 云南植物志 11: 369. 2000. —*Polygonum fagopyrum* L. in Sp. Pl. 364. 1753; Forb. *et* Hemsl. in Journ. Linn. Soc. Bot. 26: 339. 1891; Sam. in Hand.-Mazz. Symb. Sin. 7: 185. 1929; Stew. in Contr. Gray Herb. 88: 116. 1930; Kung in Fl. Ill. N. Chine 5: 62, Pl. 26. 1936. —*P. emarginatum* Roth. Cat. Rot. 1: 48. 1797. —*Fagopyrum sagittatum* Gilib. Exercit. Phyt. 2: 435. 1792 nom. illegit.; 刘慎谔. 东北草本植物志 2: 66. 1959.

形态特征： 一年生草本。株高80～120cm，茎直立，上部分枝，绿色或红色，具纵棱，无毛或于一侧沿纵棱具乳头状突起。叶片三角形或卵状三角形，长2.5～7.0cm，宽2～5cm，顶端渐尖，基部心形，两面沿叶脉具乳头状突起，全缘，较光滑，浅绿色至深绿色；叶柄长1.5～5.0cm，下部叶具长柄，上部叶较小，近无梗；托叶鞘膜质，短筒状，长约5mm，顶端偏斜，无缘毛，易破裂脱落。花序总状或伞房状，聚伞花序簇密集，顶生或腋生，花序梗一侧具小突起。苞片卵形，长约2.5mm，绿色，边缘膜质，每苞片内具3～5花；花梗比苞片长，无关节。花被5深裂，白色、粉红色和红色，花被片椭圆形，长3～4mm；雄蕊8枚，比花被短，花药淡红色，两轮雄蕊基部之间分布有一轮蜜腺，8枚；花柱3枚，柱头头状，花柱有长花柱和短花柱两种类型（花柱异长）。瘦果卵形，具3棱，有棱锐、棱钝和有翅、无翅等变异，顶端渐尖，长5～6mm，果皮灰色、棕色、褐色、黑色等，无光泽，比宿存花被长。异花授粉，具有自交不育特性。该种有二倍体和四倍体两种类型，以二倍体居多。染色体数 $2n=2x=16$ 或 $2n=4x=32$。

春播类型花期5～7月，果期7～8月；秋播类型花期8～9月，果期9～10月。

生境： 栽培于平原或山区农田，海拔 0～1000m。

分布： 我国各省均有栽培。其中栽培荞麦较多的有内蒙古、陕西、甘肃、宁夏、山西、云南、四川、贵州、湖南、吉林、河北等，其次是新疆、青海、江西、安徽、辽宁、黑龙江、重庆等；北京、山东、浙江、湖北、西藏、广西、广东、福建、海南、台湾等也有少量种植（图 2-13）。亚洲其他地区、欧洲、美洲、大洋洲也有栽培。

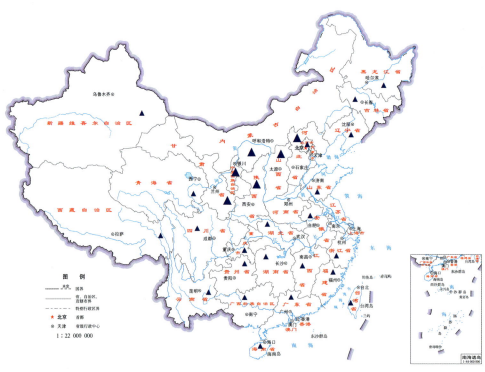

图 2-13　甜荞麦的地理分布

▲ 主产区　▲ 有栽培，非主产区

第二章 中国荞麦属植物 69

甜荞麦植株(粉红花)

甜荞麦植株（红花）

甜荞麦植株（白花）

甜荞麦叶片正面

甜荞麦叶片背面

甜荞麦两种花型，左：长雄蕊短花柱花；右：短雄蕊长花柱花

甜荞麦顶生花序与花（长雄蕊短花柱花）

甜荞麦顶生花序与花（短雄蕊长花柱花）

甜荞麦花被
粉红色

甜荞麦花被
白色

甜荞麦花与幼果

甜荞麦幼果

甜荞麦果实

（二）甜荞麦野生近缘种（亚种）

别称： 野甜荞。

Fagopyrum esculentum ssp. *ancestrale* Ohnishi in Fagopyrum 11: 5-10. 1991.

形态特征： 该亚种与栽培种形态特征相似。一年生草本。株高 50～155cm，直立或半直立。主茎极短，自基部或中下部分枝，分枝极多，茎斜升或近平伸，圆柱形，无毛，光滑，绿色或红褐色，基部多绿色，中上部红色至红褐色，节间光滑。叶片三角形、长卵形及卵状三角形，表面绿色或红色，背面灰绿色，两面疏被短毛，长 2～12cm，宽 1.5～11.0cm；基部叶柄长 6cm，中上部叶柄逐渐变短至无叶柄；托叶鞘厚膜质，斜筒状。花序总状，分枝呈伞房状或圆锥状，聚伞花序簇密集，顶生和腋生。苞片斜漏斗状，顶端尖，绿色；每个苞片有 2～3 花。花被片 5 枚，椭圆形，长 2～3mm，白色或粉红色；雄蕊 8 枚，花药红色或紫红色，椭圆形，雄蕊基部着生 8 枚蜜腺；子房 3 棱，花柱 3 枚，柱头头状，花柱有长花柱和短花柱两种类型（花柱异长）。瘦果黑色，长三棱形或正三棱形，先端较尖或稍钝，三棱基部较尖，果棱锐，长 3～5mm，表面光滑，无光泽，露出宿存花被的 2～3 倍。异花授粉，具有自交不育特性。二倍体，染色体数 $2n=2x=16$。

花期 7～10 月，果期 8～11 月。

生境： 生于石坡、山路及山坡草地，海拔 800～2500m。

分布： 分布于我国四川阿坝藏族羌族自治州大部分地区，凉山彝族自治州金阳县、雷波县、冕宁县、盐源县，甘孜藏族自治州泸定县、雅江县；云南丽江市、迪庆藏族自治州和西藏昌都市左贡县（图 2-14）。

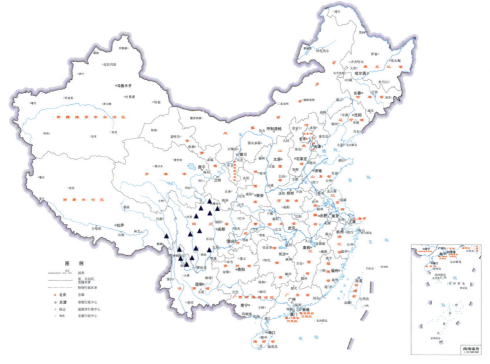

图 2-14　甜荞麦野生近缘种（亚种）的地理分布
▲ 甜荞麦野生近缘种（亚种）

甜荞麦野生近缘种（亚种）植株（石堆丛中）

甜荞麦野生近缘种（亚种）植株（山坡）

甜荞麦野生近缘种（亚种）植株局部

甜荞麦野生近缘种（亚种）
植株上部

甜荞麦野生近缘种（亚种）叶片正面

甜荞麦野生近缘种（亚种）花序与花（短花柱花）

甜荞麦野生近缘种（亚种）花序与花（长花柱花）　甜荞麦野生近缘种（亚种）幼果

九、卵叶野荞麦

Fagopyrum capillatum Ohnishi in Fagopyrum 15: 18-28. 1998.

形态特征： 一年生草本。株高 60.0～150.0cm，茎直立，自基部分枝，分枝较多，绿色或红色，具纵棱，疏被柔毛。叶片厚纸质或纸质，卵圆形、三角状卵圆形、长卵圆形及卵状戟形，表面绿色或深绿色，背面灰绿色，两面疏被白色柔毛，长 2.0~7.6cm，宽 1.0~5.4cm；基部叶柄长可达 5cm，中上部叶柄逐渐变短至无叶柄；托叶鞘膜质，顶端偏斜，无缘毛。总状花序呈穗状，顶生或腋生，分枝，花序梗较细，长可达 13cm，花排列疏松。苞片斜漏斗状，长 2~3mm，顶端急尖，每个苞片具 2~3 花；花梗细弱，长 3.0~4.5mm，具关节。花被片 5 枚，椭圆形，多为白色，有时为粉红色；雄蕊 8 枚，花药白色，椭圆形；子房 3 棱，花柱 3 枚，柱头头状，花柱有长花柱和短花柱两种类型（花柱异长）。瘦果黑褐色或黑色，卵状三棱形，花被宿存。异花授粉。二倍体，染色体数 $2n=2x=16$。

花期 8~10 月，果期 9~11 月。

生境： 生于山坡草地、荒地、路旁、碎石中，海拔 1500~1800m。

分布： 分布于我国云南丽江市（图 2-15）。

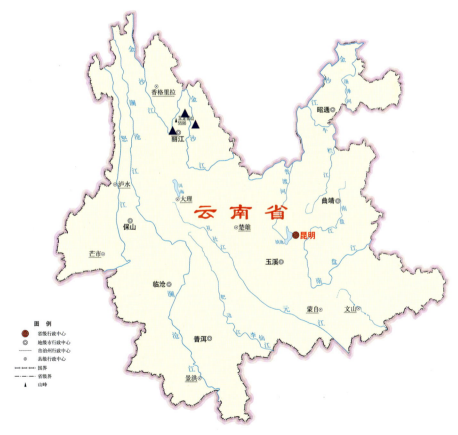

图 2-15　卵叶野荞麦的地理分布
▲ 卵叶野荞麦

卵叶野荞麦植株，少分枝（荒地）

卵叶野荞麦植株，多分枝（碎石中）

卵叶野荞麦植株局部

卵叶野荞麦叶片正面

卵叶野荞麦叶片背面

卵叶野荞麦植株上部花序

卵叶野荞麦穗状花序排列成圆锥状

卵叶野荞麦花序与花(长花柱花)

卵叶野荞麦短花柱花

十、疏穗野荞麦

别称：尾叶野荞麦、汶川野荞麦。

Fagopyrum caudatum (Sam.) A. J. Li in Fl. Reipubl. Popularis Sin. 25(1): 117. 1998; N. G. Ye *et* G. Q. Guo in Proc. 5th Int. Symp. on Buckwheat at Taiyuan, China. 23. 1992; 林汝法. 中国荞麦: 52. 1994; 中国科学院昆明植物研究所. 云南植物志 11: 370. 2000. —*Polygonum caudatum* Sam. in Hand. -Mazz. Symb. Sin. 7: 185. 1929. —*Fagopyrum pleioramosum* Ohnishi in Fagopyrum 15: 18-28. 1998. —*Fagopyrum wenchuanense* J. R. Shao in Novon 21(2): 258-261. 2011.

形态特征：一年生草本。株高 27～170cm。茎斜升或平卧，极少直立，在基部或中下部多分枝，常呈丛生状，从基部至顶端均具叶；茎枝圆柱形或近圆柱形，柔弱，具多条细纵纹，绿色、绿褐色至紫褐色，无毛。叶片纸质，三角状戟形、戟形至长戟形，基部的叶较大，向上渐变小，长 2.1～6.5cm，宽 1.5～5.5cm，先端锐尖、渐尖、长渐尖至尾状渐尖，基部心形、阔心形、浅心形或深心形，两侧裂片较大，圆形，叶片两面疏被短毛；下部叶叶柄长 2.2～5.0cm，向上叶柄渐变短，长 0.5～2.2cm；托叶鞘半膜质，斜漏斗状，长 3～6mm，先端锐尖、短渐尖。总状花序腋生和顶生，长 1.7～14.5cm，由数个总状花序再组成圆锥状；花序轴纤细，明显四棱柱形，绿色，无毛；花在花序轴上排列疏散。苞片斜漏斗状，长 2.3～3.0mm，具 3～7 条明显或不明显绿色脉纹，每苞片内有 3～5 花；花梗线形，长 2.5～5.0mm，淡绿色或黄绿色，先端具明显关节，基部被短毛。花被 5 深裂至基部，花被片椭圆形、长倒卵形，长 2.0～2.5mm，白色或淡红色，基部绿色；雄蕊 8 枚，花药椭圆形，紫褐色；子房卵状三棱形，花柱 3 枚，柱头头状，花柱有长花柱和短花柱两种类型（花柱异长）。瘦果椭圆状三棱形或阔卵状三棱形，长 3.0～3.5mm，成熟后红褐色、黑褐色或褐黑色，先端锐尖，基部圆形，突出花被之外。异花授粉。二倍体，染色体数 $2n=2x=16$。

花期 7～9 月，果期 8～10 月。

生境：生于山坡草地、路边，海拔 1000～2200m。

分布：分布于我国四川阿坝藏族羌族自治州汶川县、茂县、理县，凉山彝族自治州冕宁县；云南昆明市盘龙区、富民县，大理白族自治州，怒江傈僳族自治州及甘肃陇南市（图 2-16）。

图 2-16 疏穗野荞麦的地理分布
▲ 疏穗野荞麦

疏穗野荞麦植株（路边）

疏穗野荞麦植株（地边）

疏穗野荞麦植株局部，长分枝

疏穗野荞麦
植株上部

疏穗野荞麦叶片正面

疏穗野荞麦叶片背面

疏穗野荞麦顶端花序及花

疏穗野荞麦花序及花（短花柱花）

疏穗野荞麦花序与花（长花柱花）　　　　　　　　　　　　　　疏穗野荞麦花与果实

十一、心叶野荞麦

别称： 岩野荞麦。

Fagopyrum gilesii (Hemsl.) Hedberg in Svensk Bot. Tidskr. 40: 390. 1946; N. G. Ye et G. Q. Guo in Proc. 5th Int. Symp. on Buckwheat at Taiyuan, China. 23. 1992; 林汝法. 中国荞麦: 52. 1994; 李安仁. 中国植物志 25(1): 112. 1998; 中国科学院昆明植物研究所. 云南植物志 11: 366. 2000. —*Polygonum gilesii* Hemsl. in Hook. Icon.: Pl. 18. t. 1756. 1888; Sam. in Hand.-Mazz. Symb. Sin. 7: 187. 1929; Stew. in Contr. Gray Herb. 88: 114. 1930.

形态特征： 一年生草本。株高10～50cm。茎直立，自基部分枝，无毛，具细纵棱。叶片心形，稍肉质，长1～3cm，宽0.8～2.5cm，顶端渐尖，基部心形，上面绿色，无毛，下面淡绿色，沿叶脉具小乳头状突起；下部叶叶柄长可达 5cm，比叶片长，上部叶较小或无毛；托叶鞘膜质，偏斜，长 3～5mm，无毛，顶端尖。总状花序呈头状，直径 0.6～0.8cm，通常成对，着生于二歧分枝的顶端。苞片漏斗状，顶端尖，无毛，长 2.5～3.0mm，每苞片内含 2～3 花；花梗细弱，长 3～4mm，顶部具关节。花被 5 深裂，白色或淡红色，花被片椭圆形，长 2.0～2.5mm；雄蕊 8 枚，比花被短；花柱 3 枚，柱头头状，花柱有长花柱和短花柱两种类型（花柱异长）。瘦果长卵形，黄褐色，具 3 棱，微有光泽，长 3～4mm，突出宿存花被之外。异花授粉。二倍体，染色体数 $2n=2x=16$。

花期 7～8 月，果期 8～9 月。

生境：生于山谷沟边、山坡草地，海拔 2200～3500m。

分布：分布于我国云南迪庆藏族自治州德钦县，四川甘孜藏族自治州巴塘县和西藏昌都市（图 2-17）。

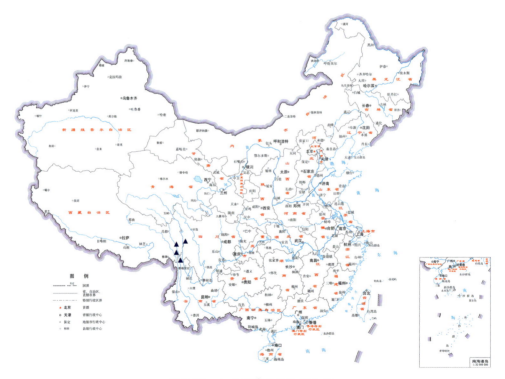

图 2-17　心叶野荞麦的地理分布

▲心叶野荞麦

第二章　中国荞麦属植物　93

心叶野荞麦植株（山岩）

心叶野荞麦植株（多分枝）

心叶野荞麦植株（少分枝）

心叶野荞麦完整植株　　　　　　　　心叶野荞麦植株基部

心叶野荞麦叶片正面

心叶野荞麦叶片背面

心叶野荞麦上部成对花序

心叶野荞麦上部花序

心叶野荞麦总状花序呈头状

心叶野荞麦头状花序及花

十二、线叶野荞麦

Fagopyrum lineare (Sam.) Haraldson in Symb. Bot. Upsal. 22: 81. 1978; N. G. Ye *et* G. Q. Guo in Proc. 5th Int. Symp. on Buckwheat at Taiyuan, China. 22. 1992; 林汝法. 中国荞麦: 52. 1994; 李安仁. 中国植物志 25(1): 117. 1998; 中国科学院昆明植物研究所. 云南植物志 11: 370. 2000. — *Polygonum lineare* Sam. in Hand.-Mazz. Symb. Sin. 7: 188. 1929.

形态特征： 一年生草本。株高30～70cm。茎直立，细弱，具纵细棱，无毛，节间长，自基部分枝，绿色或紫红色。叶片线形，长1.5～4.5cm，宽0.2～0.6cm，顶端尖，基部戟形，两侧裂片较小，边缘全缘，微向下反卷，两面无毛，下面中脉突出，侧脉不明显，上面绿色，下面灰绿色，另有少数叶片正反面为紫红色；叶柄长2～6mm；托叶鞘膜质，偏斜，顶端尖，长2～3mm，无毛，呈紫色。花序总状，紧密，顶生和腋生，通常由数个总状花序再组成圆锥状。苞片偏斜，长约1.5mm，通常淡紫色，每苞片内具2～3花；花梗细弱，长2～3mm，顶部具关节，比苞片长。花被5深裂，白色或淡红色，花被片椭圆形，长约1.5mm；雄蕊8枚，比花被短，花药白色；花柱3枚，柱头头状，花柱有长花柱和短花柱两种类型（花柱异长）。瘦果宽椭圆形，具三锐棱，褐色，有光泽，突出宿存花被之外。异花授粉。二倍体，染色体数 $2n=2x=16$。

花期8～9月，果期9～10月。

生境： 生于山坡林缘、山谷、路旁，多为泥沙地，海拔1700～2200m。

分布： 分布于我国云南大理白族自治州大理市、鹤庆县、宾川县、祥云县、洱源县、剑川县（图2-18）。

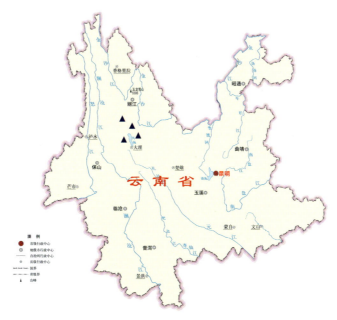

图 2-18　线叶野荞麦的地理分布
▲ 线叶野荞麦

线叶野荞麦植株，绿叶（草坡）

线叶野荞麦植株，绿叶（沙土）

线叶野荞麦植株，红叶（沙土）

线叶野荞麦植株，红叶，多分枝

线叶野荞麦植株局部

线叶野荞麦植株上部

线叶野荞麦叶片正面

线叶野荞麦叶片背面

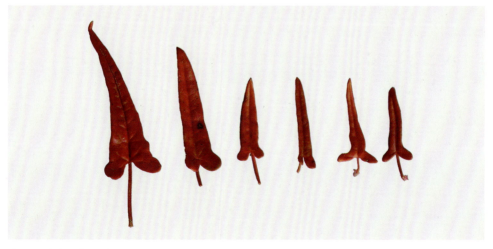
线叶野荞麦红色叶片正面

十三、金沙野荞麦

Fagopyrum jinshaense Ohsako *et* Ohnishi in Genes Genet. Syst. 77: 399-408. 2002.

形态特征：一年生草本。株高 14～32cm。茎直立或斜升，自基部分枝，无明显主茎，茎多为红色，节较稀疏，节间较长，茎上无毛。叶片主要集中在植株底部，中上部较少或无叶，叶片肉质，三角形、三角心形、卵状三角形及戟形，表面绿色或红色，背面灰绿色或紫红色，上面光滑，下面叶脉稍隆起，沿叶脉具乳头状突起，长 0.5～1.4cm，宽 0.2～1.4cm；下部叶叶柄长可达 3cm，比叶片长；托叶鞘膜质，偏斜，顶端尖，无毛。总状花序类穗状，顶生或腋生，分枝，花较稀疏或密集。苞片斜漏斗状，长约 1.5mm，绿色或淡紫色，每苞片内具 2～3 花；花梗细弱，长 2～3mm，顶部具关节，比苞片长。花被片 5 枚，椭圆形或卵形，白色或粉色；雄蕊 8 枚，花药黄白色，椭圆形；子房 3 棱，花柱 3 枚，柱头头状，花柱有长花柱和短花柱两种类型（花柱异长）。瘦果具 3 锐棱，褐色，长 1.2～1.5mm，突出宿存花被之外。异花授粉。二倍体，染色体数 $2n=2x=16$。

花期 8～9 月，果期 9～10 月。

该种与心叶野荞麦 *F. gilesii* 和小野荞麦 *F. leptopodum* 在形态上类似，与心叶野荞麦相区别的特征是总状花序类穗状，叶片不为心形；与小野荞麦的区别特征是叶片肉质，光滑，光泽不明显。

生境：生于山坡草地、河谷，海拔 1800～2700m。

分布：分布于我国云南迪庆藏族自治州德钦县、香格里拉市，四川甘孜藏族自治州得荣县和巴塘县，西藏昌都市芒康县（图 2-19）。

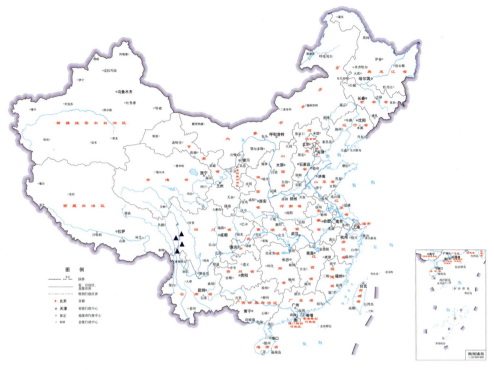

图 2-19 金沙野荞麦的地理分布

▲ 金沙野荞麦

金沙野荞麦植株（山坡）

金沙野荞麦植株（河谷）

金沙野荞麦植株（岩石）

金沙野荞麦植株局部

金沙野荞麦植株基部

金沙野荞麦叶片正面

金沙野荞麦叶片背面

金沙野荞麦总状花序类穗状

金沙野荞麦花序及花

十四、小野荞麦

Fagopyrum leptopodum (Diels) Hedberg in Svensk Bot. Tidskr. 40: 390. 1946; N. G. Ye *et* G. Q. Guo in Proc. 5th Int. Symp. on Buckwheat at Taiyuan, China. 22. 1992; 林汝法. 中国荞麦: 52. 1994; 李安仁. 中国植物志 25(1): 114. 1998; 中国科学院昆明植物研究所. 云南植物志 11: 367. 2000. —*Polygonum letopodum* Diels in Not. Bot. Gard. Edinb. 5: 260. 1912; Sam. in Hand.-Mazz. Symb. Sin. 7: 187. 1929; Stew. in Contr. Gray Herb. 88: 115. 1930.

（一）小野荞麦（原变种）

Fagopyrum leptopodum var. *leptopodum* Hedberg in Svensk Bot. Tidskr. 40: 390. 1946.

形态特征：一年生草本。株高 6～50cm。茎直立，通常自下部分枝，近无毛，细弱，上部无叶。叶片三角形或三角状卵形，长 1.5～2.5cm，宽 1.0～1.5cm，顶端尖，基部箭形或近戟形，上面粗糙，下面叶脉稍隆起，沿叶脉具乳头状突起；叶柄细弱，长 1.0～1.5cm；托叶鞘偏斜，膜质，白色或淡褐色，顶端尖。花序总状，由数个总状花序再组成大型圆锥花序。苞片膜质，偏斜，顶端尖，每苞片内具 2～3 花；花梗细弱，顶部具关节，长约 3mm，比苞片长。花被 5 深裂，白色或淡红色，花被片椭圆形，长 1.5～2.0mm；雄蕊 8 枚，花药肾形，白色或粉红色；花柱 3 枚，丝形，自基部分离，柱头头状，花柱有长花柱和短花柱两种类型（花柱异长）。瘦果卵形，具 3 棱，黄褐色，长 2.0～2.5mm，稍长于花被。异花授粉。二倍体，染色体数 $2n=2x=16$。

（二）疏穗小野荞麦

F. leptopodum (Diels) Hedberg var. *grossii* (Lév.) Lauener *et* Ferguson in Not. Bot. Gard. Edinb. 40: 195. 1982.

形态特征：疏穗小野荞麦与小野荞麦（原变种）的区别在于，总状花序极度稀疏。

花期 7～9 月，果期 8～10 月。

生境：生于山坡、山谷、路旁，多为石灰岩碎石土壤，海拔 1000～2300m。

分布：分布于我国云南大理白族自治州、丽江市、迪庆藏族自治州；四川凉山彝族自治州金沙江沿岸，雅安市汉源县、石棉县，甘孜藏族自治州泸定县等（图 2-20）。

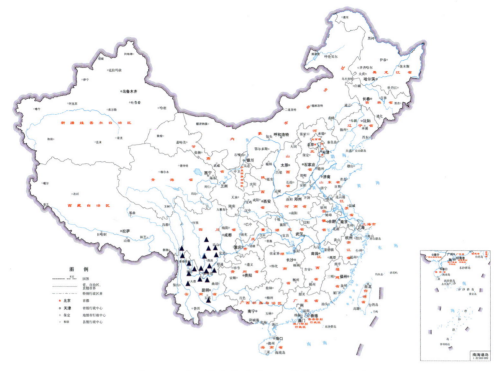

图 2-20　小野荞麦和疏穗小野荞麦的地理分布
▲两者地理分布一致

小野荞麦（原变种）植株，少分枝（山坡）

小野荞麦（原变种）植株，多分枝（山坡）

小野荞麦（原变种）植株（碎石）

小野荞麦（原变种）植株下部

小野荞麦（原变种）叶片正面

小野荞麦（原变种）叶片背面

小野荞麦（原变种）上部花序

小野荞麦（原变种）花及果实（长花柱花）

小野荞麦（原变种）花序及花

疏穗小野荞麦植株(碎石)

疏穗小野荞麦稀疏花序

疏穗小野荞麦花序及花(短花柱)

疏穗小野荞麦花序及花

十五、羌彩野荞麦

别称： 花叶野荞麦、丽花野荞麦。

Fagopyrum qiangcai D. Q. Bai in Novon 21: 256-261. 2011.—*Fagopyrum callianthum* Ohnishi in Fagopyrum 15: 18-28. 1998.

形态特征： 一年生草本。株高15~70cm，斜升或平卧，茎极短或无明显主茎，多分枝，枝长，绿色、绿褐色或紫褐色，无毛。叶片肉质、稍肉质或厚纸质，叶形变异大，基部叶片多心形、卵状心形、椭圆形及圆形，向上渐变狭，顶部叶片多三角形、箭形、狭箭形，叶片表面绿色，具有灰色或灰白色斑块，背面绿色，两面无毛，长1.3~5.2cm，宽1.5~4.8cm，叶缘全缘；叶柄长可达10cm，比叶片长，中上部叶柄逐渐变短，无毛；托叶鞘斜筒状，长3~8mm。总状花序或总状伞房花序腋生和顶生，长2.5~11.0cm，再组成大型疏散圆锥花序。苞片斜漏斗状，长约4mm，每苞片内有2~4花；花疏散或间断排列，花梗长4~5mm，在顶端具明显关节。花被片5枚，椭圆形、倒卵状椭圆形，长3.5~4.0mm，正面通常白色，背面基部至中部淡紫红色或粉红色；雄蕊8枚，花药椭圆形、卵状椭圆形，紫红色；子房卵状三棱形，花柱3枚，柱头头状，花柱有长花柱和短花柱两种类型（花柱异长）。瘦果椭圆状三棱形，长约4mm，宽约3mm，黑褐色或黑色，具光泽。异花授粉。二倍体，染色体数$2n=2x=16$。

花期8~10月，果期9~11月。

生境： 生于山坡草地、地坎、沟边、路旁等，海拔1200~1900m。

分布： 分布于我国四川阿坝藏族羌族自治州汶川县、理县（图2-21）。

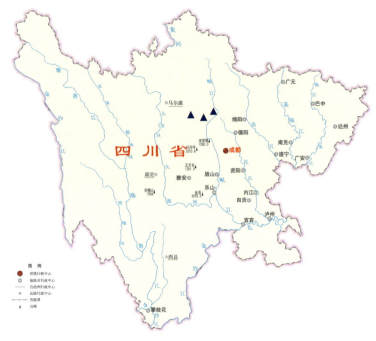

图 2-21　羌彩野荞麦的地理分布
▲ 羌彩野荞麦

羌彩野荞麦初开花植株（路边）

羌彩野荞麦植株，平卧（地坎）

羌彩野荞麦植株局部

羌彩野荞麦植株，斜升（山坡）

羌彩野荞麦叶片正面

羌彩野荞麦叶片背面

羌彩野荞麦花序（短花柱花）

羌彩野荞麦花序（长花柱花）

羌彩野荞麦花及花蕾

羌彩野荞麦花序及花

羌彩野荞麦幼果

十六、纤梗野荞麦

Fagopyrum gracilipedoides Ohsako *et* Ohnishi in Genes Genet. Syst. 77: 399-408. 2002.

形态特征：一年生草本。株高 20~50cm，半直立或斜升。自基部分枝，分枝细长，纤弱，节较稀疏，茎上疏被短毛。叶片厚纸质，三角形、卵状戟形及卵状心形，表面深绿色，背面灰绿色，两面疏被短毛，长 0.5~3.0cm，宽 0.5~2.0cm；基部叶柄长 2.5cm，中上部叶柄逐渐变短，被毛；托叶鞘斜筒状，膜质，淡绿色，顶端尖。总状花序呈穗状，顶生或腋生，分枝，花序梗较细，花排列较密集。苞片斜漏斗状，长 2~3mm，顶端急尖；每个苞片具 2~4 花；花梗细弱，顶部具关节，长 3~4mm，比苞片长。花被片 5 枚，长椭圆形，长 2.0~2.5mm，白色；雄蕊 8 枚，花药黄白色或粉色，椭圆形；子房 3 棱，花柱 3 枚，柱头头状，花柱有长花柱和短花柱两种类型（花柱异长）。瘦果卵状三棱形，长 2.5~3.0mm，黑褐色，突出宿存花被之外。异花授粉。二倍体，染色体数 $2n=2x=16$。

花期 8~10 月，果期 9~11 月。

生境：生于山坡草地、路旁等，土壤多为沙土或泥沙地，海拔 2200~2450m。

分布：分布于我国云南丽江市（图 2-22）。

图 2-22　纤梗野荞麦的地理分布

▲ 纤梗野荞麦

纤梗野荞麦植株（山岩）

纤梗野荞麦植株（路边）

纤梗野荞麦植株

纤梗野荞麦植株上部

纤梗野荞麦花序（腋生）

纤梗野荞麦花序与花（长花柱花）

纤梗野荞麦花序与花（短花柱花）

十七、理县野荞麦

Fagopyrum macrocarpum Ohsako *et* Ohnishi in Genes Genet. Syst. 73: 85-94. 1998.

形态特征：一年生草本。株高 5~75cm，斜升或匍匐，主茎较短，自基部分枝，茎多呈红褐色，无毛。叶片纸质，心形、三角形、长卵形、卵状戟形，基部心形、阔心形，尾状渐尖，叶片表面绿色，无毛，背面灰绿色，被柔毛，长 2.0~3.5cm，宽 1.2~3.0cm；叶柄长 0.5~3.0cm，中上部叶柄逐渐变短；托叶鞘膜质，偏斜，长 4~5mm，顶端尖。花序总状，腋生或顶生，较紧密，长 1.5~3.0cm。苞片斜漏斗状，上部近缘膜质，中下部草质，绿色或淡绿色，每苞内具 2~3 花；花梗细弱，长 3~5mm，比苞片长。花被片 5 枚，椭圆形，长 3.5~4.0mm，正面多为白色，间或 2~3 片上部显红色，背面呈红色或紫红色；雄蕊 8 枚，花药红褐色或紫红色，椭圆形或肾形；子房 3 棱，花柱 3 枚，柱头头状，花柱有长花柱和短花柱两种类型（花柱异长）。瘦果椭圆状三棱形，棕色或暗红色。以异花授粉为主，自交可育。二倍体，染色体数 $2n=2x=16$。

花期 8~10 月，果期 9~11 月。

该种叶片和分枝类似于疏穗野荞麦，花类似于羌彩野荞麦，但小花在花序轴上较紧密。

生境：生于山坡草地、路旁等，土壤多为沙土或泥沙地，海拔 1850~2000m。

分布：分布于我国四川阿坝藏族羌族自治州理县、汶川县、茂县等（图 2-23）。

第二章 中国荞麦属植物　119

图 2-23　理县野荞麦的地理分布
▲ 理县野荞麦

理县野荞麦植株（地边）

理县野荞麦植株（山岩处）

理县野荞麦植株局部

理县野荞麦叶片正面

理县野荞麦叶片背面

理县野荞麦植株上部花序（短花柱花）

理县野荞麦植株上部花序（长花柱花）

理县野荞麦腋生花序与花（长花柱花）

理县野荞麦花序与花

理县野荞麦花与幼果

参 考 文 献

傅沛云. 1959. 东北草本植物志. 第二卷. 北京: 科学出版社: 67.
傅书遐. 1976. 湖北植物志. 第 1 卷. 武汉: 湖北科学技术出版社: 216-217.
李安仁. 1998. 中国植物志. 第二十五卷. 第一分册 蓼科. 北京: 科学出版社: 108-117.
林汝法. 1994. 中国荞麦. 北京: 中国农业出版社: 51-56.
刘建林, 唐宇, 夏明忠, 等. 2008. 中国四川蓼科荞麦属一新种: 皱叶野荞麦. 植物分类学报, 46(6): 929-932.
唐宇, 邵继荣, 周美亮. 2019. 中国荞麦属植物分类学的修订. 植物遗传资源学报, 20(3): 646-653.
吴征镒. 1983. 西藏植物志. 第一卷. 北京: 科学出版社: 604-605.
中国科学院昆明植物研究所. 2000. 云南植物志. 第十一卷. 北京: 科学出版社: 363-370.
Chen Q F. 1999. A study of resources of *Fagopyrum* (Polygonaceae) native to China. Botanical Journal of Linnean Society, 130: 54-65.
Graham S A, Wood Jr C E. 1965. The genera of Polygonaceae in the Southeastern United States. Journal of the Arnold Arboretum, 46 (2): 91-121.
Gross M H. 1913. Remarques sur les Polygonées de l'Asie orientale. Bulletin of the Torrey Botanical Club, 23: 7-32.
Haller A von. 1742. Enumeratio methodica stirpium Helvetiae indigenarum. Tomus II. ex officina academica abrami Vandenhoek, Gottingae.
Hedberg O. 1946. Pollen morphology in the genus *Polygonum* L. s. lat. and its taxonomical significance. Svensk Botanisk Tidskrift, 40: 371-404.
Hou L L, Zhou M L, Zhang Q, et al. 2015. *Fagopyrum luojishanense*, a new species of Polygonaceae from Sichuan, China. Novon, 24 (1): 22-26.
Komarov V L. 1936. Flora of the U.R.S.S. Volume 5. Moscow and Leningrad: Soviet Academy of Sciences Press: 702-703.
Krotov A S, Dranenko E T. 1973. An amphidiploid buckwheat, *F. giganteum* Krotov sp. nova. Byulleten Vsesoyuznogo Ordena Lenina Instituta Rastenievodstva Imeni N. I. Vavilova, 30: 41-45.
Linnaeus C. 1753. Species plantarum. Holmiae, Impensis Laurentii Salvii.
Meisner C F. 1826. Monographiae Generis Polygoni Prodromus. Polygonum. Sumtibus Auctoris, Typis A. Lador. Genevae.
Miller P H. 1754. The Gardeners Dictionary: Containing the Methods of Cultivating and Improving All Sorts of Trees, Plants, and Flowers, for the Kitchen, Fruit, and Pleasure Gardens; as Also Those which are Used in Medicine. With Directions for the Culture of Vineyards, and Making of Wine in England. In which Likewise are Included the Practical Parts of Husbandry. Doi:10.5962/bhl.title.79061.

Ohnishi O. 1995. Discovery of new *Fagopyrum* species and its implication for the studies of evolution of *Fagopyrum* and of the origin of cultivated buckwheat // Matano T, Ujihara A. Proc. 6th Int. Symp. on Buckwheat in Shinshu, 24-29 August 1995. Shinshu: Shinshu University Press: 175-190.

Ohnishi O. 1998a. Search for the wild ancestor of buckwheat. I. Description of new *Fagopyrum* (Polygonaceae) species and their distribution in China and the Himalayan hills. Fagopyrum, 15: 18-28.

Ohnishi O. 1998b. Further study on wild buckwheat species, their distribution and classification. Proc. 7th Int. Symp. on Buckwheat in Winnipeg, Canada: 175-190.

Ohnishi O, Matsuoka Y. 1996. Search for the wild ancestor of buckwheat. II. Taxonomy of *Fagopyrum* (Polygonaceae) species based on morphology, isozymes and cpDNA variability. Genes & Genetic Systems, 71: 383-390.

Ohsako T, Ohnishi O. 1998. New *Fagopyrum* species revealed by morphological and molecular analyses. Genes & Genetic Systems, 73: 85-94.

Ohsako T, Yamane K, Ohnishi O. 2002. Two new *Fagopyrum* (Polygonaceae) species *F. gracilipedoides* and *F. jinshaense* from Yunnan, China. Genes & Genetic Systems, 77: 399-408.

Samuelsson G. 1929. Polygonaceae // Handel-Mazzetti H. Symbolae Sinicae 7. Wien: Verlag von Julius Springer: 166-188.

Shao J R, Zhou M L, Zhu X M, et al. 2011. *Fagopyrum wenchuanense* and *Fagopyrum qiangcai*, two new species of Polygonaceae from Sichuan, China. Novon, 21: 256-261.

Small L K. 1903. Flora of the southeastern United States; being descriptions of the seed-plants, ferns and fern-allies growing naturally in North Carolina, South Carolin, Georgia, Florida, Tennessee, Alabama, Mississippi, Arkansas, Louisiana and the Indian Territory and in Oklahoma and Texas east of the one-hundredth meridian. Doi: 10.5962/bhl.title.133..

Steward A N. 1930. The Polygoneae of eastern Asia. Contr Gray Herb Harvard Univ, 88: 1-129.

Tang Y, Zhou M L, Bai D Q, et al. 2010. *Fagopyrum pugense* (Polygonaceae), a new species from Sichuan, China. Novon, 20: 239-242.

Wang C L, Li Z Q, Ding M Q, et al. 2017. *Fagopyrum longzhoushanense*, a new species of Polygonaceae from Sichuan, China. Phytotaxa, 291(1): 73-80.

Ye N G, Guo G Q. 1992. Classification, origin and evolution of genus *Fagopyrum* in China // Lin R F, Zhou M D, Tao Y R, et al. Proc. 5th Int. Symp. on Buckwheat at Taiyuan, China. Beijing: Agricultural Publishing House: 19-28.

Yukio D. 1960. Cytological studies in *Polygonum* and related genera. I. Botanical Magzine, 37: 337-340.

Zhou M L, Kreft I, Suvorova G, et al. 2018. Buckwheat Germplasm in the World. London: Academic Press, Elsevier: 1-95.

Zhou M L, Kreft I, Woo S H, et al. 2016. Molecular Breeding and Nutritional Aspects of Buckwheat. London: Academic Press, Elsevier: 13-19.

Zhou M L, Zhang Q, Zheng Y D, et al. 2015. *Fagopyrum hailuogouense* (Polygonaceae), one new species from Sichuan, China. Novon, 24(2): 222-224.

附　　录

2017～2020 年四川、云南、西藏荞麦野外考察队员合影

从右至左：周美亮，范昱，文雯，唐宇，邹沉严，李志强

从右至左：周美亮，李志强，唐宇，邹沉严，文雯

从右至左：范昱，周美亮，李金龙，唐宇，程成，李志强，黄跃

从左二至右二：李伟，范昱，唐宇，周美亮，任奎，赖弟利

物种中文名索引

抽葶野荞麦	20	羌彩野荞麦	109
灌野荞麦	52	疏穗野荞麦	86
海螺沟野荞麦	24	甜荞麦	67
金荞麦	12	细柄野荞麦	56
金沙野荞麦	100	纤梗野荞麦	114
苦荞麦	32	线叶野荞麦	96
理县野荞麦	118	小野荞麦	104
卵叶野荞麦	80	心叶野荞麦	91
螺髻山野荞麦	61	硬枝野荞麦	8
普格野荞麦	47	皱叶野荞麦	43
齐蕊野荞麦	29		

物种拉丁名索引

Fagopyrum capillatum	80	*Fagopyrum leptopodum*	104
Fagopyrum caudatum	86	*Fagopyrum lineare*	96
Fagopyrum crispatifolium	43	*Fagopyrum luojishanense*	61
Fagopyrum cymosum	12	*Fagopyrum macrocarpum*	118
Fagopyrum esculentum	67	*Fagopyrum pugense*	47
Fagopyrum gilesii	91	*Fagopyrum qiangcai*	109
Fagopyrum gracilipedoides	114	*Fagopyrum rubifolium*	52
Fagopyrum gracilipes	56	*Fagopyrum statice*	20
Fagopyrum hailuogouense	24	*Fagopyrum tataricum*	32
Fagopyrum homotropicum	29	*Fagopyrum urophyllum*	8
Fagopyrum jinshaense	100